新媒体·新传播·新运营 系列丛书

剪映

手机短视频制作实例教程

| 全彩慕课版 |

祝瑞玲 李延杰◎主编

闫建华 张丹丹 李圣龙◎副主编

U0300481

N e w   M e d i a

人民邮电出版社

北京

图书在版编目（CIP）数据

剪映：手机短视频制作实例教程：全彩慕课版 / 祝瑞玲，李延杰主编. -- 北京：人民邮电出版社，2024. -- （新媒体·新传播·新运营系列丛书）.

ISBN 978-7-115-64801-3

Ⅰ. TP317.53

中国国家版本馆 CIP 数据核字第 2024XJ0127 号

内 容 提 要

本书以案例为主导、以技能培养为目的，通过大量案例系统地介绍了使用剪映进行手机短视频制作的方法与技巧。本书共分为 9 章，主要内容包括初识短视频、手机短视频制作快速入门、制作图文类短视频、制作旅行 Vlog、制作美食类短视频、制作公益宣传类短视频、制作产品推荐类短视频、制作创意类短视频，以及使用剪映其他特色功能。

本书案例丰富，注重实践，既可作为高等院校相关课程的教学用书，也可作为广大短视频爱好者学习手机短视频制作的自学用书。

◆ 主　　编　祝瑞玲　李延杰

副 主 编　闫建华　张丹丹　李圣龙

责任编辑　连震月

责任印制　王　郁　彭志环

◆ 人民邮电出版社出版发行　　北京市丰台区成寿寺路 11 号

邮编　100164　电子邮件　315@ptpress.com.cn

网址　https://www.ptpress.com.cn

涿州市般润文化传播有限公司印刷

◆ 开本：700×1000　1/16

印张：12.25　　　　　　　　2024 年 8 月第 1 版

字数：274 千字　　　　　　2025 年 3 月河北第 2 次印刷

定价：69.80 元

读者服务热线：(010)81055256　印装质量热线：(010)81055316

反盗版热线：(010)81055315

前言

短视频凭借智能化、便捷化和大众化的特点，引发了影像生产模式的革命。手机性能的提升和相关技术的革新降低了短视频创作的门槛，越来越多的人开始做起了自己生活的导演，纷纷用短视频来展示自己的个性与风采。自己拍摄与制作短视频，已经不再是遥不可及的梦想。

当前，手机已经成为短视频拍摄、剪辑与运营的常用工具。剪映作为一款视频剪辑工具，不但简单好用，而且极易上手，它凭借全面的剪辑功能和丰富的滤镜效果，让短视频创作变得更加简单、高效。

党的二十大报告提出："推进文化自信自强，铸就社会主义文化新辉煌。"短视频以其特有的传播方式，成为现代人精神文化来源，也成为社会主义文化强国建设的重要组成部分。为了帮助读者快速掌握使用剪映制作手机短视频的思路、方法与技巧，共同推进新时代的文化建设，我们精心策划并编写了本书。

本书共9章，主要内容包括初识短视频、手机短视频制作快速入门、制作图文类短视频、制作旅行Vlog、制作美食类短视频、制作公益宣传类短视频、制作产品推荐类短视频、制作创意类短视频，以及使用剪映其他特色功能等。

本书主要具有以下特色。

● 案例主导、学以致用：本书以移动端剪映为操作平台，介绍了手机短视频前期拍摄与后期制作的精彩案例，并详细阐述了操作过程与方法技巧，使读者通过案例演练可以真正达到一学即会、融会贯通的学习效果。

● 强化应用，注重技能：本书突出了"以应用为主线，以技能为核心"的编写特点，体现了"导教相融、学做合一"的教学思想，特别注重实际操作技能的培养，引领读者真正掌握手机短视频制作的技术精髓。

● 视频教学，资源丰富：本书配有慕课教学视频，读者用手机扫描书中二维码即可在线观看。除此之外，本书还提供了PPT课件、电子教案、教学大纲、课程标准、案例素材等立体化的教学资源，选书教师可以登录人邮教育社区（www.ryjiaoyu.com）下载并获取相关教学资源。

● 全彩印刷、版式精美：为了让读者更清晰、更直观地了解手机短视频制作的过程和效果，本书特意采用全彩印刷，版式精美，让读者在良好的阅读体验

前言

中快速掌握制作手机短视频的各种关键技能。

　　本书由山东传媒职业学院的祝瑞玲和李延杰担任主编，由山东广播电视台融媒体资讯中心合作节目部主任闫建华、山东传媒职业学院的张丹丹和李圣龙担任副主编。尽管我们在编写过程中力求准确、完善，但书中难免有疏漏与不足之处，恳请广大读者批评指正。

编　者

2024年7月

目录
Contents

目录
Contents

目录
Contents

第7章 制作产品推荐类短视频

第8章 制作创意类短视频

目录
Contents

第 1 章　初识短视频

知识目标

- 了解短视频的特点和类型。
- 了解短视频行业的发展现状。
- 了解短视频的主流平台。
- 掌握短视频的制作流程。

能力目标

- 能够识别短视频的类型。
- 能够阐述短视频的制作流程。

素养目标

- 坚定文化自信，以短视频为载体推进社会主义文化建设。
- 坚持守正创新，积极探索短视频的内容创新。

　　短视频现已成为社交媒体中的主流形式之一，是人们记录、传播和交流信息的重要工具与载体。短视频的发展前景十分广阔，商业价值日益凸显，成为品牌宣传和推广的重要工具。本章将引领读者一起认识短视频，了解短视频行业的发展现状、短视频的主流平台和制作流程等。

1.1 短视频概述

近年来，短视频行业一直在快速发展，短视频用户数量、行业规模和社会影响力一直在提升。截至 2023 年 6 月，中国短视频用户数量已达 10.26 亿，创历史新高，短视频产业规模近 3000 亿元。短视频已经渗入人们生活的方方面面，成为人们获取信息、交流互动的重要途径。

1.1.1 短视频的特点

短视频即短片视频，是一种互联网内容传播方式，一般是指在新媒体平台上传播的时长在 5 分钟以内的视频。随着移动终端的普及和网络的提速，"短、平、快"的大流量传播内容逐渐获得各大平台、粉丝和资本的青睐。

与传统的长视频相比，短视频具有以下特点。

1. 简洁明了

由于短视频的时长较短，创作者必须尽快吸引用户的注意力，并向用户传递信息。创作者要迅速展示核心信息，省去冗长的叙述，以简单明了的方式传达主要内容，以快节奏展示优质内容，这也是短视频受欢迎的主要原因之一。

2. 形式和类型多样

短视频不只可以简单地把视频片段拼接起来展示，还可以采用多种表现形式，如动画、特效等，以增添趣味性，更好地吸引用户的注意力。除了表现形式，短视频的内容类型也多种多样，可以分为众多垂直领域，如搞笑类、解说类、生活类等，可以满足不同用户的个性化需求。

3. 追求美感

短视频非常注重画面的美感和观赏性，创作者可以借助摄影、剪辑、配乐、调色等手法营造出独特的视觉画面，给用户留下深刻的印象，这也能在一定程度上提升短视频的重播次数。

4. 创意突破

短视频中的创意是吸引用户观看的关键。通过独特的故事情节、有趣的创作视角，创作者能够为用户提供新奇、有趣的视觉体验和情感体验，让用户产生共鸣，并激发他们的分享欲望。

5. 互动性强

短视频具有方便、快捷的社交分享功能，方便用户将自己喜欢的短视频分享到社交媒体平台上，与朋友互动、讨论。这种社交分享功能为短视频的传播提供了强大的动力，使优质的短视频可以迅速获得流量和曝光。

6. 观看便捷

短视频的节奏快，呈现出碎片化的观看特点，用户只需几分钟的时间就可以观看一条短视频，不必单独留出大块时间，节省了用户时间。

↘ 1.1.2　短视频的类型

短视频的内容十分丰富，类型也多种多样，能够满足各类用户的学习和娱乐需求。一般来说，短视频可以分为以下类型。

1. 搞笑类

搞笑类短视频可以使用户放松心情，满足用户娱乐消遣、缓解压力的需求，因此该类型在短视频平台中占有很大的比重。

搞笑类短视频一般可以分为情景剧和脱口秀。情景剧短视频（见图 1-1）通常有一定的故事情节，内容贴近生活，有适度夸张情节，有时会注重情节反转，表现出内容上的巧思。脱口秀短视频的内容往往是针对生活事件或他人话语的幽默评论与解说，注重形成个人风格，打造专属频道。

2. 解说类

解说类短视频主要是对影视剧、书籍、音乐作品等进行解说和评论，要求创作者的声音有一定的辨识度，且善于挖掘素材，一般针对热门话题中涉及的作品或经典作品进行解说，也可对质量不好的作品进行评论。图 1-2 所示为某博主在解说书籍。

图 1-1　搞笑类情景剧短视频

图 1-2　解说书籍短视频

3. 技巧类

技巧类短视频通常向用户讲解某些工具的使用技巧和掌握某项技能的有效方式，如化妆技巧、绘画技能、摄影技巧等。用户在观看技巧类短视频的时候可以进行学习，提升自己的生活质量和工作效率。

4. 才艺类

才艺类短视频的内容主要包括唱歌、跳舞、乐器演奏、魔术表演等，要求出镜人员有一定的才艺，可以吸引用户的目光，满足用户欣赏、模仿、学习的需求，使用户产生钦佩和崇拜感。图 1-3 所示为跳舞类短视频。

5. 生活类

生活类短视频主要向用户展现各种生活状态，要足够接地气，有亲和力，内容包括美食分享、旅游攻略、亲子关系、宠物等，以 Vlog 的形式进行发布。图 1-4 所示为亲子关系类短视频。

图 1-3　跳舞类短视频

图 1-4　亲子关系类短视频

6. 知识类

知识类短视频主要教授用户一些知识，实用性很强，能够满足用户学习的需求。一般来说，知识类短视频要具备趣味性，要以吸引人的方式来讲述知识。知识类短视频的内容涵盖科学、历史、艺术、财经等领域。

7. 动画类

动画类短视频与真人类短视频相比，更容易打造 IP 形象，有更多的内容创作形式，受到的场景限制也较小。一般来说，所有领域的短视频内容都可以通过动画形式来展现，但主要集中在剧情类内容。

↘ 1.1.3　短视频行业的发展现状

短视频行业近年来获得了突飞猛进的发展，作为互联网时代的新兴产物，短视频已经成为人们日常生活中不可或缺的一部分。当前，短视频行业的发展现状如下。

1. 市场规模不断扩大

随着移动互联网的普及和用户数量的增长，短视频行业的市场规模也在不断扩大，这主要得益于短视频平台的不断发展和用户数量的持续增长。

2. 内容创新成为竞争核心

在短视频行业中，内容创新是吸引用户和留住用户的关键。因此，各大短视频平台都在加大投入，从短视频的长度、形式、内容等方面不断进行创新，以满足用户的需求，提升用户的观看体验。为了推出更多优质内容，短视频平台积极与各类创作者合作，为创作者提供流量支持和变现工具。

3．技术驱动行业升级

随着技术的不断进步，短视频行业也在不断升级。例如，第五代移动通信技术（Fifth Generation of Mobile Communications Technology，5G）的普及为短视频行业带来更快的传输速度和更低的延迟，提升了用户的观看体验；人工智能（Artificial Intelligence，AI）、大数据等技术的应用能够帮助短视频平台更好地了解用户需求，推出更符合用户喜好的优质内容。

4．商业模式多样化

短视频行业的商业模式逐渐多样化，除了传统的广告变现以外，现在还有直播、电商等模式。很多短视频平台与电商平台开展合作，通过直播"带货"等方式来实现商业变现。

5．国际化趋势明显

随着全球化的加速，短视频行业的国际化趋势也日益明显。许多短视频平台都在积极拓展国际市场，推出多语言版本和本地化内容，以满足不同国家和地区用户的需求。同时，一些短视频平台还与国际品牌合作，推出定制化的短视频内容，提升品牌的知名度和影响力。

关于短视频行业的未来发展趋势，技术赋能是重点。2022 年，ChatGPT 横空出世，开启了全球的"百模大战"。基于人工智能生成内容（Artificial Intelligence Generated Content，AIGC）技术的迅猛发展，短视频创作者通过 AI 技术可以快速地完成剪辑、调色、增加特效等工作，从而降低制作成本，提高创作效率。除了用 AI 技术制作各种教育课件、专题片、科幻电影外，还有许多以前需要实地拍摄、现场演示的视频也可以使用 AI 技术制作出来。

另外，利用 AI 技术可以将文本、图片、音频等多种媒体形式转化为视频，能够实现自动化的视频创作。

因此，AIGC 赋能后的短视频数量会出现井喷式增长，内容竞争会变得更加激烈。从短视频创作本身来说，门槛确实降低了，但从创作的质量来讲，AIGC 其实提升了短视频创作的门槛。因为人人都可以创作短视频，内容将变得极为丰富，但人的注意力是有限的，所以如何创作出有创意的优质内容变得更加重要。

⬎ 1.1.4　短视频主流平台

短视频平台是短视频行业发展的重要载体。短视频行业发展至今，短视频主流平台有抖音、快手、微信视频号、哔哩哔哩等。

1．抖音

抖音上线于 2016 年，最开始是一款音乐创意短视频社交软件，随着用户量的不断增加，其平台定位也发生变化，目前抖音的标语为"记录美好生活"，旨在让每一个人看见并连接更大的世界，鼓励用户表达、沟通和记录，激发创造力，丰富人们的精神世界，让现实生活更美好。

抖音凭借其个性化推荐机制和沉浸式的浏览体验吸引了大量用户。打开抖音，系统默认打开"推荐"界面（见图1-5），用户在该界面上下划动即可轻松切换视频。抖音自从上线以来，发展十分迅速，到2023年，抖音在国内的日活跃用户数量已破8亿。

近年来，抖音平台进军电商领域，成为兴趣电商的代表。2024年1月15日，抖音电商发布全年总结，其2023年的商城商品交易总额（Gross Merchandise Volume，GMV）同比增长277%，全平台GMV同比增长80%。发展强劲的抖音正在成为电商行业内不可忽视的重要力量。

2. 快手

快手的前身是GIF快手，创建于2011年3月，是用于制作和分享图像交互格式（Graphics Interchange Format，GIF）图片的一款App。2013年10月，GIF快手从纯粹的应用工具转型为短视频社区，定位为记录和分享生活的平台，并于2014年正式更名为快手。

目前，快手的标语是"快手，拥抱每一种生活"。在快手上，人们可以了解真实的世界，认识有趣的人，也可以记录真实而有趣的自己。虽然与抖音的定位相似，但快手与抖音不同的是用户以男性居多，且在发展过程中并没有采取以名人和关键意见领袖（Key Opinion Leader，KOL）为中心的战略，而采用去中心化的普惠分发方式，让平台上的所有用户都敢于表达自我。因此，快手平台上的社区氛围浓厚，依靠社区内容的自发传播，促使用户数量不断增长。

在内容展现方面，快手的"发现"界面采取双列模式（见图1-6），提高了视频曝光率，让用户有机会看到更多有趣的内容，提升了用户观看的效率和便捷性。

图1-5　抖音"推荐"界面

图1-6　快手"发现"界面

除了短视频内容创作与传播，快手还进军直播、电商和本地生活领域，为各行业的发展赋能。

3. 微信视频号

微信视频号是腾讯公司官微于 2020 年 1 月 22 日正式宣布开启内测的平台。微信视频号不同于订阅号、服务号，是一个全新的内容记录与创作平台，也是一个了解他人、了解世界的窗口。

微信视频号的界面包括"关注""朋友""推荐"，分别呈现的是关注的账号发出的短视频、微信好友点赞过的短视频，以及系统个性化推荐的短视频（见图 1-7）。微信视频号有两个点赞按钮，分别是拇指图标和心形图标。拇指图标代表点赞是私密的，好友看不到点赞记录，点赞视频也不会推荐给好友；心形图标代表点赞是公开的，好友可以看到点赞记录，点赞视频会推荐给好友。

微信视频号的商业价值可以用一句话来总结：一个场景，全面连接。微信视频号成为微信生态重要的板块，与微信小程序、公众号、社群等场景连接，以及公私域联动所带来的价值不容小觑。基于微信本身的高渗透率和强社交关系，微信视频号在企业争夺流量、运营私域等方面有着显著优势，打通微信生态内全链路营销场景，从公域流量到私域流量，促进转化和复购，有助于品牌商家实现高效销售增长。

4. 哔哩哔哩

哔哩哔哩创建于 2009 年 6 月 26 日，早期是一个 ACG（动画、漫画、游戏）内容创作与分享的视频网站，经过多年的发展，围绕用户、创作者和内容，构建了一个源源不断生产优质内容的生态系统，已经成为涵盖海量兴趣圈层的多元文化社区。图 1-8 所示为哔哩哔哩的首页"推荐"界面。

图 1-7 微信视频号"推荐"界面

图 1-8 哔哩哔哩首页"推荐"界面

截至 2023 年 9 月 30 日，哔哩哔哩日均活跃用户数达 1.03 亿，月均活跃用户数达 3.41 亿，用户日均使用时长首次超过 100 分钟。

哔哩哔哩的特色是悬浮于视频上方的评论，这些评论也被称为弹幕。弹幕可以给用户一种实时互动的错觉，用户可以在观看视频时发送弹幕，其他用户发送的弹幕也会同步呈现于视频上方。弹幕能够构建出一种奇妙的共时性的关系，形成一种虚拟的共同观影氛围，让哔哩哔哩成为极具互动分享属性和二次创造特色的文化社区，从一个单向的视频播放平台变成双向的情感连接平台。

尽管哔哩哔哩涵盖了海量兴趣圈层，但近几年知识类短视频在哔哩哔哩平台生态中持续繁荣增长。在哔哩哔哩累计播放时长最长的 10 条视频中，有 7 条是知识和课程类视频，包含高等数学、会计职称等多种内容。

哔哩哔哩的首席运营官曾这样说："知识内容已经成为互联网内容的主流。视频化和年轻一代成长这两大趋势，推动着哔哩哔哩从动漫社区'破圈'，成为有用有趣的综合性视频平台。"

1.2 短视频的制作流程

短视频的制作并非一蹴而就，要想创作出优质的短视频，创作团队要遵循特定的制作流程。短视频的制作流程一般包括组建团队、确定选题、策划内容、脚本创作、视频拍摄、视频剪辑、视频发布与运营。

↘ 1.2.1 组建团队

短视频团队的组建是短视频制作的重要环节。组建一支专业的创作团队，并进行有效的管理，以此来确保短视频的制作质量。一支专业的短视频创作团队一般包括以下岗位人员，每个岗位人员都有各自的工作职责。

1. 文案编导

文案编导要履行的职责包括文案策划、脚本创作、拍摄监督和创意调整。

● 文案策划：确定短视频的标题与文案。

● 脚本创作：完成脚本，与演员沟通拍摄。

● 拍摄监督：紧跟拍摄进程，考量画面是否与想要的效果一致。

● 创意调整：关注流行趋势和业内热点，根据市场需求和受众偏好实时调整或改进节目的创意策略。

2. 摄像师、剪辑师

摄像师、剪辑师主要负责短视频拍摄与后期剪辑。

摄像师在拍摄时负责确保画面的颜色、构图、灯光和镜头处理等均处于最佳状态，思考如何让画面更加自然、如何使镜头后期更好地衔接等，完成高质量画面摄制，并对素材进行整理备份，同时负责拍摄设备的维护工作，保证设备的正常使用。

在后期剪辑时，剪辑师要把拍摄的视频素材组接成完整的视频，并负责配音配乐、添加字幕文案、视频调色及特效制作等工作。

3. 演员

演员的主要工作是根据剧本进行表演，包括唱歌、跳舞等才艺表演，根据剧情、角色特点进行演绎等。

演员要具备表现人物特点的能力，在某些情况下团队中的其他成员也可以灵活地充当演员。

4. 运营人员

运营人员主要负责短视频账号的日常运营与推广，包括账号信息的维护与更新、短视频的发布、用户互动、数据收集与跟踪、短视频的推广、账号的广告投放等。

团队组建完成后，需要进行团队管理，以确保团队的有效运作。团队管理主要涉及以下 3 个方面。

（1）明确职责

明确每个成员的职责，以此来确保每个成员都能发挥自己的作用，为短视频的创作做出贡献。

（2）建立沟通渠道

建立沟通渠道，以此来确保团队成员之间的沟通顺畅，让每个成员都能及时了解团队的进展情况，以保证短视频的创作进度。

（3）定期评估

定期评估团队的运营情况和工作效率，并及时发现存在的问题，以提升团队的运营效率。

↘ 1.2.2　确定选题

创作短视频的目标之一是为用户带来良好的观看体验和实用价值，因此创作者首先要做好内容定位，明确自己的目标用户，清楚发布的内容能够满足用户的哪些需求。

短视频的类型有很多，创作者要从众多类型中找到自己的定位，然后进行垂直深耕，有效输出。有时内容定位不是一步到位的，可能需要多次调整，但一开始就要确定一个大致的方向，不然就是在耗费精力。

创作者在确定短视频选题时，需要遵循以下 3 个原则。

● 相关性强：选题内容要与短视频账号定位一致，做好垂直领域的"深耕细作"，不能什么都拍、什么都发布。

● 创意度高：做得好的短视频账号有一个共性特征，那就是短视频在内容、形式上都十分新颖，有创意，能够让用户眼前一亮。因此，创作者在创作短视频时，选题要尽量新颖，即使话题相同，也可以从不同的角度来拍摄。

● 互动性强：短视频要以用户为中心，在策划短视频时应围绕用户来发挥，选择那些互动性强的选题，吸引用户主动参与讨论，提升用户的参与感。

在确定具体的选题时，创作者可以从以下角度来选择。

1. 热点选题

热门话题的用户关注度高，把热门话题作为短视频选题，可以带来更多的播放量。创作者要选择最新、最热门的话题，与短视频内容相融合。不过，由于热门话题的受众较广，竞争也比较激烈，同一个热门话题的短视频过多，往往会导致同质化，而且热门话题的时效性也比较强，而短视频的制作时间长，很有可能会错过热门话题的"时间窗口"。

因此，创作者要把握热门话题的最佳时机，同时在内容上与同类视频有差异。

2. 活动选题

活动选题可以分为两种：一是节日类活动选题，创作者可以提前布局，如中秋节、"十一黄金周"等大众关心的节日话题；二是来源于各短视频平台的话题活动，如抖音经常发起一些话题活动，创作者可以根据自身情况参与话题活动，还能得到更多的流量扶持。

3. 关键词选题

创作者可以利用所属行业的核心关键词来确定选题，结合账号定位、产品定位、用户需求和搜索热点，可以拓展出很多核心关键词。例如，如果短视频账号所在的领域是装修行业，那么核心关键词便是"装修""装修公司""装修设计""装修风格""装修预算""装修流程""装修效果""装修陷阱"等。

4. 结构化思维选题

结构化思维是指从多个侧面进行思考，创作者运用结构化思维确定选题，可以在符合账号定位和内容定位的前提下，将内容细分为不同的维度，形成不同的细分选题。例如，美食领域创作者可以按照菜系、荤素搭配、就餐时间、营养成分、口味等维度来细分选题。

↘ 1.2.3 策划内容

在确定选题后，创作者还要策划短视频内容的具体结构。即使是同一个选题，不同的内容结构也会产生不同的传播效果。

1. 吸睛的开头

短视频的开头非常重要，尤其是前 3 ~ 8 秒，要先分析用户的问题和痛点，让用户立刻产生共鸣，觉得这个短视频能够帮助自己，然后就会产生继续观看的兴趣。

创作者也可以在开头直接抛出矛盾点，或者提出引人深思的问题，提及最近的热点事件等。总之，要做到让用户看完开头的内容，就被快速吸引。

2. 清晰的逻辑框架

如果没有一个清晰的逻辑框架，用户在观看短视频时就会感到困惑，以致中途退出。因此，创作者要把短视频逻辑化，列出内容框架，根据内容框架来创作内容。另外，短视频在开头之后要有 2 ~ 4 个"爆点"，这样才能在有限的时间内提供足够多的信息，从而获得更多的流量。

3. 令人回味的结尾

短视频的结尾需要升华，这样做可以在最后给用户留下深刻的印象。短视频的结尾具有互动和强调的功能，一方面创作者可以在结尾与用户互动，引导关注；另一方面创作者也可以强调短视频的价值观，提高账号的识别度。

创作者可以在结尾抛出疑问，引发用户思考，从而增加短视频的评论数，也有助于创作者从中获得灵感，作为下一期内容的素材。创作者还可以在结尾向用户发出行动号召，引导大家点赞、关注、评论、转发，但不要放置个人信息。如果想在结尾强调价值观，可以引用经典金句，这样会让短视频看起来更有质感。

↘ 1.2.4　脚本创作

脚本是拍摄短视频的依据，参与视频拍摄、剪辑的人员，如摄像师、演员、服化道人员、剪辑师等，他们的一切行为和动作都是服从于脚本的。除此之外，时间、地点、画面内容、镜头，都是根据脚本来确定的。脚本的最大作用就是提前规划好每一个人每一步要做什么，目的是提高短视频的拍摄效率和拍摄质量。

短视频脚本可以分为拍摄提纲、文学脚本和分镜头脚本。

1. 拍摄提纲

拍摄提纲是为一部影片或某些场面而制定的拍摄要点。当拍摄过程中有很多不确定性因素，或者有些场景难以预先分镜头时，摄像师就要根据拍摄提纲在现场灵活处理。适合使用拍摄提纲的内容类型有访谈、新闻纪录、旅游等。

2. 文学脚本

文学脚本不需要剧情引导，其关键点在镜头拍摄要求上，只需列出拍摄思路，规定人物要做的任务、说的台词、所选用的镜头和视频的长短即可。常见的教学、评测和营销类短视频经常采用文学脚本。

3. 分镜头脚本

分镜头脚本创作的关键点是细致。分镜头脚本对画面的要求很高，创作者要在非常短的时间展现出情节性很强的内容，所以创作起来耗时耗力。分镜头脚本能够表现前期构思时对视频画面的构想，可以将文字内容转换成用镜头直接表现的画面，其主要项目包括景别、拍摄方式（镜头运用）、画面内容、台词、音效和时长等。

↘ 1.2.5　视频拍摄

完成短视频脚本创作之后，团队就要着手进行具体的视频拍摄工作，这是短视频制作的核心环节。视频拍摄需要进行充分的前期准备，包括场景选择、道具准备等。在选择场景和道具时，团队要根据主题和创意来进行选择。

在视频拍摄过程中，团队可以采用以下技巧来提升短视频的拍摄质量。

（1）创意构图

选择合适的构图，使用线条和对比来增强视觉吸引力。

（2）适当运动

通过相机运动和主体运动来增加动感和生动性，可以尝试运用平移、跟踪、旋转等运动方式。

（3）稳定拍摄

保持相机稳定，使用三脚架或稳定器来避免镜头抖动，以确保画面清晰。在移动拍摄时，要注意动作和姿势，避免动作幅度过大，尽量减少上身动作，下身缓慢移动。如果镜头需要转动，要以上身为旋转轴心，尽量保持双手不动。

（4）控制照明

合理利用光线，通过调整光源位置和强度来营造氛围和情绪，注意避免过度曝光或过度阴影。

（5）注意背景

在拍摄时背景不能太单调，例如，在拍摄主题人物时，可以选取好的背景，将画面分出前景和背景，这样可以增强画面感，使画面更有深度。

1.2.6 视频剪辑

视频剪辑是使短视频更有吸引力的关键，通过视频剪辑，剪辑师可以去除视频素材中无关紧要的部分，突出吸引人的部分，使短视频看起来更流畅、自然。剪辑师可以使用专业的视频剪辑工具进行视频剪辑，剪辑视频时要按照脚本进行。

视频剪辑的步骤一般如下。

1. 建立素材文件夹

剪辑师要把视频素材按照拍摄时间、拍摄地点、拍摄内容等进行分类，存放在不同的文件夹中，同时把在网络上收集到的视频、音乐等素材做好标记，以备使用。

2. 整理素材文件

熟悉脚本，了解脚本对各种镜头和画面效果的要求，按照脚本的结构对所有素材进行整理，决定取舍。

3. 粗剪

粗剪是指将镜头和段落以大概的先后顺序加以接合，形成视频初样。在有情节的短视频中，粗剪要求视频的情节基本成型，故事流畅；在没有情节的短视频中，粗剪要求把无效的内容去除，尽量多地保留有看点的内容。

4. 精剪

精剪是指在粗剪的基础上对每个镜头都要精细处理，包括剪切点的选择、镜头的长度、整个短视频的节奏把控、特效的制作、滤镜的选择、转场的设计等。

5. 导出视频

在完成短视频的精剪后，剪辑师可以进行一些细小的调整和优化，然后添加字幕，并配上背景音乐或旁白解说，最后添加片头和片尾，形成一个完整的短视频作品，整体再看一遍，确认没有问题后即可导出视频，在各个短视频平台上发布。

1.2.7 视频发布与运营

短视频制作完成后，运营人员要将其投放到合适的短视频平台上，以获得更多的流量和曝光。

在发布短视频时，运营人员要合理设置标题，可以通过提出问题、设置悬念、添加数字等技巧来增强短视频的吸引力。

运营人员要选择合适的发布时间。一般来说，最佳发布时间为工作日早上6点到8点、上午11点半到下午2点、晚上7点到10点，以及非工作日全天。

短视频封面也是吸引流量的重要载体，一个好看的短视频封面可以有效地吸引用户的注意。短视频封面要与视频主题相一致，让用户能够从封面中了解到视频内容，从而有兴趣点击观看。封面要足够清晰、有重点。封面上有文字标题的，字体要大，字数最好控制在15个以内，便于理解。如果以人物做封面，尽量居中放置。

　　标签是描述短视频内容和主题的关键词，以便搜索引擎索引和推荐。标签应尽可能全面地描述短视频的主题，展示短视频的特点和精华。例如，运动类短视频的标签可以包括"健身""跑步""健康生活"等关键词。标签最好不要超过 5 个，标签太多会让搜索引擎难以理解和识别。

　　在发布短视频之后，运营人员要积极与用户进行互动，看到用户评论后主动友好回复，这样可以赢得用户的好感，还能增加短视频的互动量，使短视频获得更多的流量。除了在评论区与用户进行互动外，运营人员还可以建立粉丝群，引导有意向的用户加入粉丝群，平时在群内分享优质内容，增强粉丝黏性。

　　数据分析是短视频运营中非常重要的一环，事关短视频账号能否持续输出用户喜闻乐见的内容。因此，运营人员要定期复盘，对短视频的播放量、点赞量、收藏量、评论量、发布时间、用户喜爱度及粉丝增长情况等进行分析，然后根据分析结果做出相应的优化与调整。

课后练习

1. 简述短视频的特点。
2. 简述确定短视频选题要遵循的原则。
3. 简述短视频脚本的类型。
4. 简述短视频粗剪与精剪的要求。

第2章 手机短视频制作快速入门

知识目标

● 熟悉剪映工作界面和常用功能。
● 掌握使用剪映拍摄短视频的方法。
● 掌握使用剪映快剪短视频的方法。

能力目标

● 能够使用剪映拍摄短视频。
● 能够使用剪映快剪短视频。

素养目标

● 培养与时俱进的学习精神，能够灵活运用短视频创作工具。
● 坚持多维视角创作，在短视频拍摄中培养人文情怀与素养。

　　剪映是一款视频剪辑软件，它凭借全面的剪辑功能和多样化的滤镜效果，让视频创作变得更加简单、高效。除此之外，剪映还拥有一系列实用的特色功能，如素材库、剪同款、识别字幕/歌词、转场效果、画面特效和一键美化等。本章将详细介绍如何使用剪映拍摄和剪辑出高质量的短视频。

2.1　熟悉剪映工作界面和常用功能

在学习使用剪映创作短视频之前，我们首先要对这款软件有一个初步的了解。下面将详细介绍剪映的工作界面和常用功能。

↘ 2.1.1　熟悉剪映工作界面

剪映的工作界面简洁明了，各工具按钮下方附有相关文字说明，用户可以按照文字说明轻松地制作短视频。下面将引领读者熟悉剪映的工作界面。

1. 剪映的功能模块

打开剪映，进入其工作界面，点击底部的"剪辑"按钮 、"剪同款"按钮 和"创作课堂"按钮 ，即可切换到相应的功能模块，如图 2-1 所示。

图 2-1　剪映的功能模块

（1）"剪辑"功能模块

该功能模块主要包括 4 个部分，分别为创作辅助功能区、创作区、亮点功能区和草稿区。其中创作辅助功能区包括"一键成片""图文成片""拍摄""AI 作图""创作脚本""录屏""提词器"等。

（2）"剪同款"功能模块

该功能模块包含各种主题的视频模板，能够满足用户多样化的需求。用户可以根据自己的喜好或创作需求选择合适的模板，然后只需导入图片或视频，即可快速生成风格化的短视频。

（3）"创作课堂"功能模块

该功能模块包含抖音的各种视频剪辑教程和热门玩法，方便用户更好地学习短视频拍摄和剪辑的相关知识。

2. 剪映的视频剪辑界面

在"剪辑"界面中点击"开始创作"按钮⊞，导入视频素材后，即可进入视频剪辑界面。该界面主要由 3 个部分组成，分别是预览区、时间轴区域和工具栏，如图 2-2 所示。

图 2-2　视频剪辑界面

（1）预览区

预览区用于实时预览视频画面，它始终显示时间指针所在帧的画面。点击预览区底部的▷按钮，即可播放视频；点击⟲按钮，即可撤销上一步的操作；点击⟳按钮，即可恢复上一步的操作；点击⛶按钮，即可全屏预览视频。

（2）时间轴区域

时间轴区域主要用于进行素材的剪辑操作。通过单指在时间标尺上的左右滑动，可以轻松移动时间线，快速定位到需要剪辑的位置。而使用两指进行拉伸或收缩，则可以对时间刻度进行放大（如图 2-3 所示）或缩小。

在时间轴下方有一个剪辑轨道区，默认情况下，主视频轨道和主音频轨道会显示出来。其他轨道，如画中画、文本轨道、特效轨道、滤镜轨道等，则以气泡或彩色线条的形式出现在主轨道上方，如图 2-4 所示。例如，点击"滤镜"按钮❀，展开滤镜轨道并显示相应的滤镜片段，如图 2-5 所示。

（3）工具栏

视频剪辑界面的底部为工具栏，在不选中任何轨道的情况下，默认显示一级工具栏，包括"剪辑"按钮✂、"音频"按钮♪、"文本"按钮▊、"画中画"按钮▣、"特效"按钮✺、"模板"按钮▥、"滤镜"按钮❀、"调节"按钮▦等。点击一级工具栏中相应的功能按钮，即可进入该功能的二级工具栏。

图 2-3　放大时间刻度　　　图 2-4　折叠轨道　　　图 2-5　展开滤镜轨道

↘ 2.1.2　熟悉剪映常用功能

下面将详细介绍剪映的一些常用功能，包括基本剪辑功能、转场、特效、滤镜、文本、贴纸、关键帧和抠像等。

1. 基本剪辑功能

剪映的基本剪辑功能主要包括分割、复制、删除、替换、常规变速、定格和倒放等，下面对部分工具进行简单介绍。

（1）分割、复制和删除

使用"分割"工具▋可以将素材一分为二，精确截取视频或音频片段，分割后对每个片段都可以独立进行操作，其他片段不受影响。使用"复制"工具▋和"删除"工具▋可以一键复制或删除素材片段。这 3 个工具均可应用于视频轨道、画中画轨道、音频轨道、贴纸轨道、文字轨道、特效轨道和滤镜轨道。

（2）替换

在视频剪辑过程中，如果用户对某素材的画面效果感到不满意，直接删除该素材可能会对整个剪辑项目产生不利影响。为了避免这种情况，使用"替换"工具▋，可以轻松替换掉不满意的视频素材。

（3）常规变速

使用"常规变速"工具▋可以对所选视频素材进行统一调速。选中需要进行变速处理的视频素材，在一级工具栏中点击"变速"按钮▋，进入其二级工具栏，然后点击"常规变速"按钮▋，如图 2-6 所示。

进入"变速"界面，如图 2-7 所示。默认情况下，视频素材的原始速度为"1x"，拖动滑块即可进行调速。当用户拖动滑块时，素材的长度会相应地发生变化。在进行慢速调整时，选中"智能补帧"单选按钮可以对低帧率视频进行智能补帧，以提升视频的流畅度；选中"声音变调"单选按钮可以进行声音变调。

图 2-6　点击"常规变速"按钮

图 2-7　常规变速调整

（4）定格和倒放

使用"定格"工具可以将视频画面中的某一帧画面进行短暂停留，从而凸显这一特定时刻的内容，该功能在需要强调某一关键画面时非常有用。结合其他工具一起使用可以制作出更多有趣的效果，如暂停效果、拍照效果和抽帧定格效果等。

使用"倒放"工具可以使视频从后往前播放，营造出一种时光倒流的视觉效果。该功能只作用于视频素材，而音频素材仍会正常播放。

2. 曲线变速

使用剪映中的"曲线变速"工具可以有针对性地对视频中的不同部分进行变速处理，从而轻松实现视频的加速、减速。

在一级工具栏中点击"变速"按钮，然后点击"曲线变速"按钮，在弹出的界面中罗列了"原始""自定""蒙太奇""英雄时刻""子弹时间""跳接"等选项，如图 2-8 所示。

点击"蒙太奇"按钮，进入"蒙太奇"界面，在"蒙太奇"界面中可以看到一个清晰的坐标系，横轴代表视频的持续时间，纵轴代表变速的速率，变速的速率范围从 0.1 倍速到 10 倍速。当黄线位于实线以上时，表示在相应的时间段内视频的播放速度是加快的，即视频处于快放状态；当黄线与实线重合时，表示视频以正常速度播放，没有任何变速效果；当黄线位于实线以下时，表示这个时间段内的视频播放速度是减缓的，即视频处于慢放状态，如图 2-9 所示。

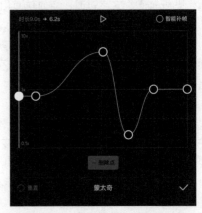

图 2-8　"曲线变速"工具界面

图 2-9　"蒙太奇"曲线变速

3. 画面调整

使用"比例"工具▣可以快速调整视频的宽高比例，以适应不同的屏幕尺寸或格式要求。常见的比例有 9 ： 16、16 ： 9、4 ： 3、3 ： 4 等，如图 2-10 所示。

使用"编辑"工具▣可以对视频或图片素材进行调整和修改，能够起到二次构图的作用。"编辑"工具包括"镜像"工具◭、"旋转"工具◈和"裁剪"工具▣（见图 2-11），分别用于设置画面镜像、旋转画面和裁剪画面尺寸。

图 2-10　"比例"工具界面

图 2-11　"编辑"工具界面

4. 音乐、音效与节拍

使用"音乐"工具◐可以为视频添加各种音乐，在未选中素材的状态下，点击"音乐"按钮◐，在弹出的界面中可以选择音乐库中的音乐、推荐音乐、收藏音乐或导入音乐等。使用"音效"工具▣可以添加与视频画面内容相符的音效，以增强画面代入感。添加音乐或音效后，在时间轴区域会单独生成一条音频轨道，如图 2-12 所示。

使用"节拍"工具▣不仅可以手动标记节拍点，还可以快速分析背景音乐，自动生成节奏节拍点，从而让视频画面的变化与音乐节拍保持一致，制作出具有卡点效果的短视频，如图 2-13 所示。

图 2-12　生成音频轨道

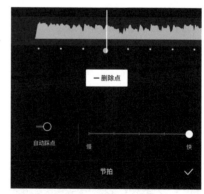

图 2-13　"节拍"工具界面

5. 转场和特效

点击素材之间的"转场"按钮□，进入"转场"工具界面，可以看到各种不同的转场效果，如叠化、运镜、幻灯片、光效等，如图 2-14 所示。这些效果可以应用于两个不同的视频片段之间，使它们之间的过渡更加自然、流畅。

选择一个合适的转场效果后，拖动滑块调整转场时长，然后点击界面左下角的"全局应用"按钮◙，即可一键为所有素材添加相同的转场效果。

"特效"工具◙可以帮助用户轻松实现模糊、分屏、下雨、闪光、开幕等视觉效果。在未选中素材的状态下，点击"特效"按钮◙，即可在弹出的界面中选择需要的特效，如图 2-15 所示。

图 2-14 "转场"工具界面

图 2-15 "特效"工具界面

6. 滤镜和调节

剪映内置了多种滤镜效果，包括自然、边框、电影、金粉、漫画等类别。使用"滤镜"工具◙可以为视频添加各种滤镜效果，快速改变视频的色调，如图 2-16 所示。

除了内置的滤镜效果外，还可以从滤镜商店中收藏滤镜。点击"更多滤镜"按钮▣，在弹出的界面中选择需要的滤镜，点击"收藏"按钮☆，即可在剪映的"滤镜"工具界面中找到并使用该滤镜，如图 2-17 所示。

图 2-16 "滤镜"工具界面

图 2-17 选择收藏的滤镜

使用"调节"工具🔅可以手动调整画面的色彩参数，如亮度、对比度、饱和度等，从而控制视频的色彩和明暗效果，如图 2-18 所示。

多条滤镜轨道或调节轨道的效果不仅可以叠加，通过在不同轨道之间进行上下移动，还可以重新组合和排列效果片段，以实现更出色的视觉效果，如图 2-19 所示。

图 2-18　"调节"工具界面

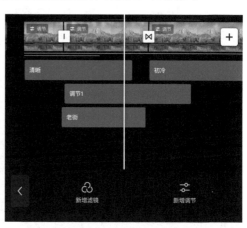

图 2-19　滤镜轨道与调节轨道

7. 文本和贴纸

使用"文本"工具🇹可以在视频中添加字幕，并对字幕进行各种自定义设置，如设置字体、颜色、样式和排列方式等，从而让视频内容更加清晰明了。"文本"工具界面如图 2-20 所示。

使用"贴纸"工具🌙可以在画面中添加多个贴纸，以满足视频内容需要。点击"贴纸"按钮🌙，弹出"贴纸"工具界面，在贴纸素材中选择合适的贴纸，如图 2-21 所示。

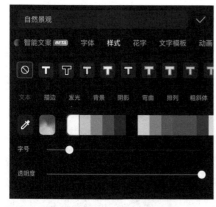

图 2-20　"文本"工具界面

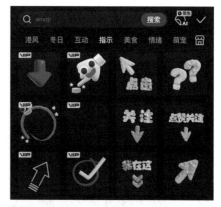

图 2-21　"贴纸"工具界面

8. 画中画和蒙版

使用"画中画"工具▣可以在一个视频画面中融合多个素材，并通过调整层级顺序实现个性化的布局和视觉效果，如分屏效果、多重曝光效果等。层级较高的轨道上的素材会显示在较上层，而层级较低的轨道上的素材会显示在较下层，如图 2-22 所示。

使用"切主轨"工具▧和"切画中画"工具▧可以让画中画轨道和主轨道上的素材互换位置。

使用"蒙版"工具◉可以在视频画面上创建各种类型的蒙版形状，包括"线性""镜面""圆形""矩形""爱心"等，如图 2-23 所示。在创建蒙版后，用户可以调整其属性，如位置、旋转、羽化、反转等。

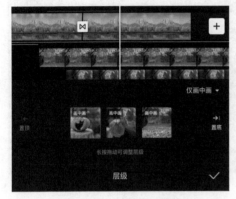
图 2-22 "层级"界面

图 2-23 "蒙版"工具界面

9. 动画和关键帧

使用"动画"工具▶可以为视频片段添加各种动画效果，包括"入场动画""出场动画""组合动画"3 种类型，如图 2-24 所示。这些动画效果可以单独使用，也可以结合使用。

使用"关键帧"功能可以让一些原本不会移动的、非动态的元素实现动画效果，如位置移动、画面大小缩放、蒙版变化、音量大小变化、不透明度变化等。将时间指针拖至合适的位置，点击"增加关键帧"按钮◈，即可添加一个关键帧，如图 2-25 所示。

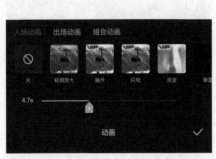
图 2-24 "动画"工具界面

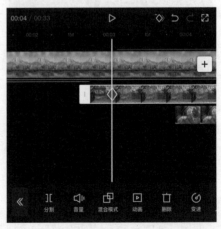
图 2-25 添加关键帧

10. 抠像

剪映还有许多非常实用的功能,抠像就是其中之一。"抠像"工具包括"智能抠像""自定义抠像""色度抠图",如图 2-26 所示。

使用"智能抠像"工具■可以自动对素材中的人物进行抠像,但对背景和物体等不会产生影响;使用"自定义抠像"工具■时,需要用户用画笔手动选择要抠取的对象,无论是人物、物体还是背景,都可以进行抠像;"色度抠图"工具■主要针对纯色背景的照片或视频,把主体对象抠取出来,该工具在处理绿幕或蓝幕等特殊背景下的图片时特别有效。

11. 混合模式

利用剪映的"混合模式"功能可以将不同轨道中两个或多个视频层混合在一起,若只用一个主轨道来编辑视频,则不能形成画面叠加,需要使用画中画轨道来叠加素材。

选中画中画轨道上的视频素材,点击"混合模式"按钮■,在弹出的"混合模式"工具界面中选择所需的混合模式,如"变暗""滤色""叠加""正片叠底"等,如图 2-27 所示。

图 2-26　"抠像"工具界面　　　　图 2-27　"混合模式"工具界面

2.2　使用剪映拍摄短视频

下面将介绍如何使用剪映拍摄短视频,包括了解镜头语言、拍摄用光、视频拍摄设置、使用效果和灵感拍摄等。

2.2.1　了解镜头语言

镜头语言是短视频创作中的核心要素,对故事的讲述、角色的塑造、主题的表达,以及观众的沉浸体验都起着至关重要的作用。通过熟练地运用镜头语言,创作者能将观众领入一个真实而富有艺术感染力的世界,提升短视频的观赏体验。

1. 镜头景别

在短视频中,观众的心理和情感距离与镜头的景别大小有着密切的关系。景别的大小能够影响观众的视觉体验和情感共鸣,所以选择合适的景别对传达创作者的意图和故事的主题至关重要。

一般来说,景别分为 8 种,由大到小的顺序是:大远景、远景、全景、中景、中近景、近景、特写和大特写。其中,大远景、远景和全景被称为大景别,而中景、中近景、近景、特写和大特写则统称为小景别。

（1）大远景

大远景主要用于展示广阔的空间和自然景观，其目的是交代场景的整体范围和空间关系。这种景别的画面空间范围非常广泛，几乎占据了整个画面，但被摄主体的比例较小，被摄主体的高度通常不超过画框高度的 1/4，如图 2-28 所示。在短视频中，大远景通常用于片头或片尾，以给观众留下深刻的印象，并营造出特定的氛围。

（2）远景

在远景的取景范围中，被摄主体占据的比例相较大远景有所增加，但被摄主体的高度不超过画框高度的 1/2。这种景别能让观众隐约看到被摄主体的轮廓，但还无法看清其细节部分，如图 2-29 所示。

图 2-28　大远景画面

图 2-29　远景画面

（3）全景

全景是用整个画面来呈现被摄主体的全身或场景的整体面貌的景别。这种景别能清晰地展示被摄主体的全貌或被摄人物的全身，同时也能准确地交代周围的环境情况，如图 2-30 所示。全景拍摄可以使观众对被摄主体有更全面的了解，并更好地感受到被摄主体与周围环境的互动关系。

图 2-30　全景画面

（4）中景

中景的取景范围主要集中在人物膝盖以上部分，如图 2-31 所示。在一些叙事类短视频中，采用中景拍摄可以更好地突出人物的情感和内心世界。在其他类型的短视频中，中景也可以作为一种过渡镜头，用于连接不同的场景或段落。

（5）中近景

中近景的取景范围位于中景和近景之

图 2-31　中景画面

间，主要集中在人物腰部以上部分，如图 2-32 所示。在短视频拍摄中，这种景别的使用旨在展示人物上半身的活动，特别是头部动作和面部神情。

（6）近景

近景的取景范围主要集中在人物胸部以上部分，强调展示人物的动作和表情，如图 2-33 所示。这种景别的画面内容相对单一，人物占据了绝大部分画面，使得人物的表情和动作非常清晰，而背景和环境特征则不那么明显。这种景别的使用能让观众更好地投入到短视频的情感和情节中，增强情感共鸣。

图 2-32 中近景画面

图 2-33 近景画面

（7）特写

特写的取景范围主要展示被摄主体的面部或某个局部，如图 2-34 所示。这种景别的视距较近，能让观众非常清楚地看到人物面部的细微表情和特征，或者被摄主体的某个独特、有趣的细节。

（8）大特写

大特写镜头聚焦于人物面部或被摄主体的局部细节，整个画面只呈现这一特定元素，如图 2-35 所示。大特写不仅展现了被摄主体的某一瞬间的状态，还通过其象征意义和情感内涵对观众产生强烈的心理暗示。

图 2-34 特写画面

图 2-35 大特写画面

2. 镜头角度

选择合适的镜头角度是创作者表达意图、塑造视觉效果和引导观众理解影像的关键。镜头角度是指手机摄像头与被摄主体在垂直面上的相对位置和高度。一般而言，镜头角度可分为平拍、仰拍、俯拍和顶拍。

（1）平拍

平拍是指手机摄像头与被摄主体保持在同一水平线上，以平视的角度进行拍摄，如图 2-36 所示。采用平拍，能够使画面呈现出一种平实、客观的效果，有利于展现被摄主体的真实面貌。这种镜头角度适用于展示多种场景，无论是自然风景、人物还是建筑，都能以平拍的方式呈现出自然、真实的效果。

（2）仰拍

仰拍是指将手机摄像头偏向水平线之上进行拍摄，使拍摄的视角处于被摄主体的下方，如图 2-37 所示。仰拍的效果主要取决于拍摄的角度和高度。当手机摄像头向上仰起时，被摄主体在画面中呈现出一种高大、雄伟的形象，给人以强烈的视觉冲击力。

图 2-36　平拍画面

图 2-37　仰拍画面

（3）俯拍

俯拍是指从高处向下拍摄，使拍摄的视角处于被摄主体的上方，如图 2-38 所示。这种拍摄方式可以展现出广阔的视野，使画面中的景物呈现出不同的层次感。俯拍通常用于拍摄大型场景，如风景、建筑群等，能够展现出宏大的气势和壮观的景象。

（4）顶拍

顶拍是指通过手机摄像头或无人机从高空向下进行俯拍，如图 2-39 所示。这时拍摄的画面空间感被压缩，将画面内所有的物体都变成一个二维平面，呈现出极具冲击力的视觉效果，能让观众一览无余地俯瞰整个场景。

图 2-38　俯拍画面

图 2-39　顶拍画面

3. 镜头构图

镜头构图是手机摄影中非常重要的一环，它决定了镜头画面的整体结构和美感。下面介绍几种常用的镜头构图方式。

（1）三分线构图

三分线构图是指将画面从横向或纵向分为 3 部分，将被摄主体放在分割线上，以达到突出主体和增加画面层次感的效果，如图 2-40 所示。这种构图方式简单易用，适用于各种拍摄场景，尤其适合在风景、人像和建筑等题材中使用。

（2）对称构图

对称构图是指将画面中心的一条线作为对称轴，把画面分为对称的两部分，可以是左右对称，也可以是上下对称，如图 2-41 所示。这种构图形式并不是讲究完全对称，只要做到形式上的对称即可。对称构图常用于拍摄风景、建筑和静物等题材，通过画面中的对称元素来营造出平衡、稳定的感觉。

图 2-40　三分线构图　　　　　　　　　图 2-41　对称构图

（3）中心构图

中心构图是指把拍摄主体放置在画面中心，如图 2-42 所示。这种构图方式能够突出主体，容易获得左右平衡的画面效果，对于严谨、庄严和富于装饰性的主题作品尤为有效。

（4）前景构图

前景构图是指把一个或多个物体放置在被摄主体的前面，以增强画面的层次感，突出主题，并引导观众的视线，如图 2-43 所示。这种构图方式能让画面更加立体，富有深度和动感，从而提升画面的视觉效果。

图 2-42　中心构图　　　　　　　　　图 2-43　前景构图

（5）曲线构图

曲线构图是指通过将画面中的景物以 S 形曲线进行布局，创造出一种流动和变化的视觉效果，如图 2-44 所示。曲线构图不仅能够展现大自然的壮丽景色，还能表现物体的形态和人体的优美线条。这种构图方式为画面注入了动态的元素，使画面充满活力，同时又保持了稳定感。

（6）对比构图

对比构图是指通过各种对比手法，使画面中的元素形成鲜明的对比，让被摄主体更加突出，使画面的主题更加鲜明，如图 2-45 所示。常用的对比方式包括大小对比、明暗对比、虚实对比、动静对比、色彩对比、远近对比等。

图 2-44　曲线构图

图 2-45　对比构图

（7）框架式构图

框架式构图是指通过利用周围的景物形成一个环绕的框架，将观众的视线自然地引导至被摄主体上，如图 2-46 所示。在框架式构图中，可以利用各种元素作为框架，如门、树枝、窗户、拱桥或镜子等。这种构图方式有助于主体与前景很好地结合在一起，同时营造出一种神秘、引人入胜的视觉效果。

（8）斜线构图

斜线构图是指利用画面中的斜线元素创造出强烈的视觉冲击力，使画面更加生动、活泼。这种构图方式常常打破常规的构图规则，以不稳定的动态感给观众留下深刻的印象，如图 2-47 所示。

图 2-46　框架式构图

图 2-47　斜线构图

↘ 2.2.2　拍摄用光

在手机摄影中，光线是塑造画面的魔法师，不仅能够起到照亮被摄主体的作用，还能影响画面的氛围、色彩和对比度等。光线方向和强度的变化会导致被摄主体表面的明暗变化。下面主要介绍顺光、侧光和逆光这 3 种常见自然光线的用法。

1. 顺光

顺光是指光源直接从被摄主体的正面照射到被摄主体，使被摄主体表面均匀受光，如图 2-48 所示。在顺光拍摄时，由于光线直接照射到被摄主体表面，能够更好地呈现出被摄主体，突出其细节和色彩，使画面看起来更加明亮和平滑，但不利于表现被摄主体的立体感和质感。

图 2-48　顺光

2. 侧光

侧光是指光线从被摄主体的左侧或右侧照射过来，被摄主体受光源照射的一侧很明亮，而另一侧则比较阴暗，能够突出被摄主体的立体感、质感和轮廓。侧光在拍摄人像、静物和风景等题材时都有广泛的应用，如图 2-49 所示。

图 2-49　侧光

3. 逆光

逆光，又称背面光或轮廓光，指拍摄方向与光源照射方向刚好相反，如图 2-50 所示。由于光线从被摄主体的后方照射，被摄主体与背景之间形成明显的明暗对比，可以产生明显的剪影效果，赋予画面独特的视觉冲击力和艺术表现力，如图 2-51 所示。

图 2-50 逆光　　　　　　　　　　　　　　图 2-51 剪影效果

↘ 2.2.3　视频拍摄设置

为了达到理想的拍摄效果，在拍摄短视频前，拍摄者要对剪映的相关拍摄功能进行设置。打开剪映，点击"拍摄"按钮◉，如图 2-52 所示，自动进入拍摄界面。

点击拍摄界面右上角的◉按钮，弹出拍摄功能的 4 种常用设置，分别为定时拍摄、画面比例、闪光灯和视频分辨率，如图 2-53 所示。在"画面比例"设置中，提供了多种比例供用户选择，包括 9∶16、16∶9、4∶3、2.35∶1 等，如图 2-54 所示。为了确保最佳的观看效果，一般推荐选择 9∶16 或 16∶9，因为这两种比例被广泛应用于各类短视频平台。

图 2-52 点击"拍摄"按钮　　图 2-53 拍摄功能设置　　图 2-54 画面比例

使用"美颜"功能可以轻松地优化视频中人像的肤质、脸型、妆容和五官等。点击拍摄界面右侧的"美颜"按钮◉，进入"美颜"界面，如图 2-55 所示。

剪映不仅提供了基本的拍摄功能，还为用户提供了许多风格的模板，让拍摄高效。点击拍摄界面右侧的"模板"按钮▦，进入"预览模板"界面，选择自己喜欢的模板，然后点击"拍同款"按钮，如图 2-56 所示。进入素材拍摄界面，用户可以参考模板中提供的拍摄方法进行拍摄，无须担心后期剪辑和添加特效的复杂步骤，如图 2-57 所示。

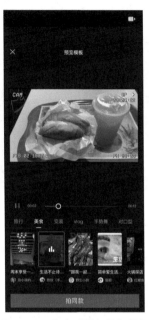

图 2-55 "美颜"界面　　图 2-56 点击"拍同款"按钮　　图 2-57 拍摄视频

↘ 2.2.4 使用效果和灵感拍摄

剪映内置了丰富多样的效果，适用于各种场景，可以让用户在不同场景下一键拍出各种风格的短视频。点击拍摄界面下方的"效果"按钮◈，在打开的界面中根据需求和喜好选择一种效果，如图 2-58 所示，然后通过拖动滑块来调整效果的强度，以获得最佳的拍摄效果。

通过"灵感"功能，我们可以学习到一些流行的拍摄技巧，提升自己的创作能力。点击拍摄界面下方的"灵感"按钮◙，浏览各种热门视频，选择一个自己喜欢的灵感，如图 2-59 所示，点击✓按钮。在拍摄界面中参考灵感，点击"拍摄"按钮■◢，即可开始录制视频，如图 2-60 所示。

图 2-58 选择效果

图 2-59　选择灵感

图 2-60　点击"拍摄"按钮

2.3　使用剪映快剪短视频

下面将详细介绍如何使用剪映快剪短视频，包括剪辑视频素材、添加音乐、精剪视频片段、添加视频效果、视频调色、添加字幕和贴纸等。

↘ 2.3.1　剪辑视频素材

下面将视频素材导入剪映中，并对其进行初步修剪，删除不需要的片段。具体操作方法如下。

效果——使用剪映快剪短视频

步骤 **01** 打开剪映，在工作界面下方点击"剪辑"按钮，点击"开始创作"按钮，如图 2-61 所示。

步骤 **02** 进入"添加素材"界面，然后依次选中要添加的视频素材，点击"添加"按钮，如图 2-62 所示。

步骤 **03** 对于时长较长的视频素材，在添加时可以先对其进行裁剪。点击视频素材缩览图，在打开的界面中预览素材，点击"裁剪"按钮，如图 2-63 所示。

剪辑视频素材

步骤 **04** 进入"裁剪"界面，拖动左右两侧的滑块裁剪素材的左端和右端，然后点击按钮，如图 2-64 所示。

步骤 **05** 裁剪后的视频素材缩览图左下方出现裁剪图标，采用同样的方法对其他素材进行裁剪，依次选中其他素材，然后点击"添加"按钮，如图 2-65 所示。

步骤 **06** 进入视频编辑界面，选中"视频"素材，拖动素材两侧的修剪滑块即可修剪素材，如图 2-66 所示。在修剪素材时，可以先将时间指针定位到要修剪的位置，再将修剪滑块拖至时间指针位置。

图 2-61　点击"开始创作"按钮

图 2-62　添加素材

图 2-63　点击"裁剪"按钮

图 2-64　裁剪素材

图 2-65　点击"添加"按钮

图 2-66　拖动修剪滑块

步骤 07 对于时长较长的素材，将时间指针定位到修剪位置，在主轨道上点击视频素材将其选中，然后点击"分割"按钮￼分割素材，如图 2-67 所示，选中不需要的片段，点击"删除"按钮￼将其删除。

步骤 08 根据需要修剪视频素材，只保留想要的片段，将时间指针定位到要添加新素材的位置，在此将其定位到短视频的开始位置，点击主轨道右侧的"添加素材"按钮￼，如图 2-68 所示。

步骤 09 进入"添加素材"界面，选中"视频 16"素材，然后点击"添加"按钮，如图 2-69 所示。

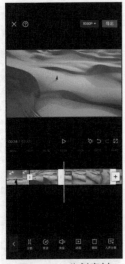
图 2-67　分割素材

图 2-68　点击"添加素材"按钮

图 2-69　添加素材

↘ 2.3.2　添加音乐

下面为短视频导入视频素材中的背景音乐并设置踩点，具体操作方法如下。

步骤 **01** 在主轨道最左侧点击"关闭原声"按钮◁，即可将主轨道上所有视频素材的音量设置为 0，如图 2-70 所示。

步骤 **02** 在一级工具栏中点击"音频"按钮♬，然后点击"提取音乐"按钮▣，如图 2-71 所示。

步骤 **03** 选择包含背景音乐的视频素材，点击"仅导入视频的声音"按钮，如图 2-72 所示。

添加音乐

图 2-70　点击"关闭原声"
按钮

图 2-71　点击"提取音乐"
按钮

图 2-72　点击"仅导入视频的
声音"按钮

步骤 **04** 选中背景音乐，点击"音量"按钮 🔊，在弹出的界面中拖动滑块调整音量为
184，然后点击 ✅ 按钮，如图 2-73 所示。

步骤 **05** 选中背景音乐，在工具栏中点击"节拍"按钮 🎵，如图 2-74 所示。

步骤 **06** 在弹出的界面中打开"自动踩点"开关 ▬〇，拖动滑块选择踩点节奏，即可在
背景音乐上自动添加节拍点，然后点击 ✅ 按钮，如图 2-75 所示。

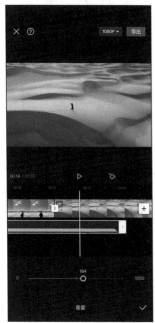

图 2-73　调整音量　　　　图 2-74　点击"节拍"按钮　　　图 2-75　设置音乐自动踩点

↘ 2.3.3　精剪视频片段

下面先设置画面比例，然后根据背景音乐节拍点对视频片段进行
精剪。具体操作方法如下。

步骤 **01** 在未选中任何素材的状态下，点击一级工具栏中的"比例"
按钮 ▣，如图 2-76 所示。

精剪视频片段

步骤 **02** 在弹出的界面中选择所需的画面比例，在此选择"16：9"，
由于该比例与视频素材的比例相同，画面大小没有发生变化，如图 2-77 所示。

步骤 **03** 选中"视频 16"片段，然后点击"切画中画"按钮 ✂，如图 2-78 所示。

步骤 **04** 点击"混合模式"按钮 🔲，在弹出的界面中选择"正片叠底"模式，拖动滑块
调整不透明度，如图 2-79 所示。

步骤 **05** 选中"视频 1"片段，修剪其右端到第 3 个节拍点的位置，如图 2-80 所示。

步骤 **06** 选中"视频 2"片段，修剪其右端到第 5 个节拍点的位置。采用同样的方法，
根据背景音乐的节拍点对其他视频片段进行修剪，如图 2-81 所示。

图 2-76　点击"比例"按钮

图 2-77　选择"16:9"

图 2-78　点击"切画中画"按钮

图 2-79　选择"滤色"模式

图 2-80　根据背景音乐节拍点
修剪素材

图 2-81　修剪其他片段

2.3.4　添加视频效果

下面为短视频添加视频效果，包括添加转场效果和画面特效。具体操作方法如下。

步骤 **01** 点击"视频1"和"视频2"片段之间的转场按钮▯，如图 2-82 所示。

步骤 **02** 在弹出的界面中选择"叠化"分类下的"叠化"转场，拖动

添加视频效果

36

滑块调整转场时长为 0.8s，然后点击 ✓ 按钮，如图 2-83 所示。

步骤 03 采用同样的方法，在"视频 2"和"视频 3"片段之间添加"运镜"分类下的"拉远"转场效果。在"视频 7"和"视频 8"片段、"视频 14"和"视频 15"片段之间添加"推近"转场效果，如图 2-84 所示。

图 2-82　点击"转场"按钮　　图 2-83　添加"叠化"转场　　图 2-84　添加"推近"转场

步骤 04 将时间指针定位到"视频 3"片段的开始位置，在一级工具栏中点击"特效"按钮 ⚡️，在弹出的界面中点击"画面特效"按钮 🔳，如图 2-85 所示。

步骤 05 在弹出的界面中选择"边框"分类下的"随机裁剪"特效，点击"调整参数"按钮 ⚙️，在弹出的界面中调整"滤镜"为 100，然后点击 ✓ 按钮，如图 2-86 所示。

图 2-85　点击"画面特效"按钮　　图 2-86　选择"随机裁剪"特效并调整参数

步骤 **06** 调整"随机裁剪"特效片段的长度，使其与"视频 3"片段的尾端对齐，然后点击"复制"按钮 🔲，如图 2-87 所示。

步骤 **07** 将复制的"随机裁剪"特效片段拖至"视频 5"片段下方，然后调整特效片段的长度至与"视频 6"片段的尾端对齐，如图 2-88 所示。

图 2-87　调整特效片段长度 1

图 2-88　调整特效片段长度 2

步骤 **08** 采用同样的方法，在"视频 8"片段下方添加"边框"分类下的"毛玻璃"特效和"光"分类下的"胶片漏光 Ⅱ"特效，如图 2-89 所示。

步骤 **09** 根据需要调整特效片段的长度，如图 2-90 所示。

图 2-89　添加其他特效

图 2-90　调整特效片段长度 3

↘ 2.3.5　视频调色

下面对短视频进行调色，使各镜头的色调保持统一，提升画面的表现力。具体操作方法如下。

视频调色

步骤 01 选中"视频 2"片段，点击"调节"按钮 ，如图 2-91 所示。

步骤 02 进入"调节"界面，根据需要调整各项调节参数，在此调整对比度为 5，饱和度为 -11，然后点击 按钮，如图 2-92 所示。

步骤 03 将时间指针定位到"视频 5"片段的开始位置，在一级工具栏中点击"滤镜"按钮 ，如图 2-93 所示。

图 2-91　点击"调节"按钮

图 2-92　调整调节参数

图 2-93　点击"滤镜"按钮

步骤 04 在弹出的界面中点击"风景"分类，选择"绿妍"滤镜，拖动滑块调整滤镜强度为 60，然后点击 按钮，如图 2-94 所示。

步骤 05 将时间指针定位到"视频 6"片段的开始位置，点击"新增调节"按钮 ，如图 2-95 所示。

步骤 06 进入"调节"界面，调整亮度为 8，对比度为 10，饱和度为 7，然后点击 按钮，如图 2-96 所示。

步骤 07 调整滤镜片段的长度，使其覆盖"视频 6"和"视频 7"片段，如图 2-97 所示。

步骤 08 将时间指针定位到要添加滤镜的位置，点击"新增滤镜"按钮 ，在弹出的界面中点击搜索框，如图 2-98 所示。

步骤 09 在搜索框中输入"日系淡青"搜索并选中该滤镜，拖动滑块调整滤镜强度为 55，然后点击"关闭"按钮，如图 2-99 所示。

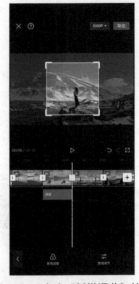

图 2-94　选择"绿妍"滤镜并　　图 2-95　点击"新增调节"按钮　　图 2-96　调整调节参数
调整滤镜强度

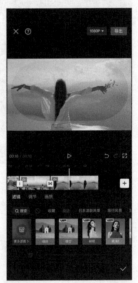

图 2-97　调整滤镜长度　　　　图 2-98　点击"搜索"按钮　　　图 2-99　搜索并选中滤镜

↘ 2.3.6　添加字幕和贴纸

在完成短视频的主要剪辑工作后，为视频添加贴纸和字幕是增添
视频趣味性的有效手段。具体操作方法如下。

步骤 **01** 将时间指针定位到要添加贴纸的位置，在一级工具栏中点击
"贴纸"按钮，如图 2-100 所示。

步骤 **02** 在弹出的界面中搜索贴纸"电影"，然后选择该贴纸，如

添加字幕和贴纸

图 2-101 所示。

步骤 03 在预览区调整贴纸的大小和位置，如图 2-102 所示。

图 2-100　点击"贴纸"按钮　　　图 2-101　选择贴纸　　　图 2-102　调整贴纸的大小和位置

步骤 04 将时间指针定位到"视频 2"片段的开始位置，在一级工具栏中点击"文本"按钮，在弹出的界面中点击"文字模板"按钮，如图 2-103 所示。

步骤 05 在弹出的界面中点击"手写字"标签，选择所需的文字模板，点击按钮，编辑文本，然后点击按钮，如图 2-104 所示。

步骤 06 在预览区调整文字的位置和大小，如图 2-105 所示。

图 2-103　点击"文字模板"按钮　　图 2-104　选择文字模板　　图 2-105　调整文字的位置和大小

↘ 2.3.7　设置封面并导出短视频

下面使用剪映自带的"封面模板"功能为短视频设置一个美观的封面，并将短视频导出到手机相册。具体操作方法如下。

设置封面并导出短视频

步骤 01 在主轨道最左侧点击"设置封面"按钮，在弹出的界面中左右拖动时间线，选择要设置为封面的视频画面，如图2-106所示。

步骤 02 若要制作新的封面，可以在选择视频画面后点击界面下方的"封面模板"按钮 🔲，如图2-107所示。

步骤 03 在弹出的界面中点击"VLOG"分类，选择要使用的模板，然后点击 ☑ 按钮，如图2-108所示。

图2-106　选择视频画面　　图2-107　点击"封面模板"按钮　　图2-108　选择模板

步骤 04 点击封面上的文字，在预览区中调整文字的位置和大小，然后点击"保存"按钮，如图2-109所示。

步骤 05 点击界面右上方的 1080P▾ 按钮，在弹出的界面中设置分辨率、帧率、码率等，如图2-110所示。

步骤 06 点击"导出"按钮，将短视频导出到手机相册。导出完成后，根据需要将视频分享到抖音或西瓜视频，然后点击"完成"按钮，如图2-111所示。

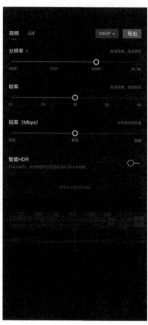

图 2-109　点击"保存"按钮　　　　图 2-110　导出设置　　　　图 2-111　导出完成

课后练习

　　打开"素材文件\第2章\课后练习"文件夹，使用提供的视频素材制作一条山水风光短视频，在剪辑时应注意各镜头的合理排序与转场效果的运用。

　　关键操作：粗剪短视频、根据音乐调整视频片段、视频变速、添加转场效果、添加画面特效、添加字幕和贴纸。

第3章 制作图文类短视频

知识目标

- 了解图文类短视频的剪辑思路。
- 掌握使用"图文成片"功能剪辑图文类短视频的方法。
- 掌握精剪图文类短视频的方法。

能力目标

- 能够使用AI功能快速生成图文类短视频。
- 能够使用现有素材创作图文类短视频。
- 能够对图文类短视频进一步精剪。

素养目标

- 在短视频创作中坚持正确的价值观，弘扬正能量。
- 提升版权意识，尊重知识产权，自觉抵制侵权行为。

图文类短视频是一种富有创意和表现力的内容形式，能够通过简洁、直观的方式传递信息，吸引观众的注意力，提升信息的传播效果。本章将详细介绍如何使用剪映制作图文类短视频。

3.1　图文类短视频的剪辑思路

图文类短视频是一种图片和文字相结合的短视频形式，它通过动态的视觉效果和简短的文字描述来传达信息。与传统的文字或图片形式相比，图文类短视频能够更直观、更生动地呈现信息，同时也能吸引观众的注意力，提升信息的传播效果。

图文类短视频的制作相对简单，创作者只需选择一系列相关的图片，并配上简短的文字说明，然后通过动画效果将图片和文字结合在一起，即可形成一种动态的视觉效果。图文类短视频特别适合用来介绍知识、展示产品、讲述故事、传递情感或表达观点等。

通常情况下，图文类短视频的剪辑思路如下。

（1）策划内容

首先需要明确短视频的主题和目的，以及受众人群，然后根据定位进行内容策划，确定短视频需要展示的内容和要点。

（2）选择素材

根据视频主题选择合适的图片等素材，并进行精良的设计，以提升视频的质量。

（3）画面布局

合理安排画面中的元素，使其既符合审美要求，又能有效地传达信息。

（4）突出核心信息

在视频中要突出想要传达的核心信息，可以使用字幕、注释或特效等来强调关键点。

（5）吸引观众注意力

通过有趣的故事情节、音乐和视频效果等方式，在短时间内让观众产生共鸣和兴趣，进而继续观看视频。

（6）添加音乐和音效

合适的音乐和音效能够增强短视频的氛围。选择与视频主题相符的音乐和音效，并注意控制音量，避免影响观众对视频内容的理解。

（7）添加动画效果

恰当的动画效果可以使短视频更加富有趣味性和观赏性，可以使用软件自带的动画效果，也可手动制作动画效果。

（8）设计标题与封面

封面要有视觉冲击力，突出主题或带有引人注目的元素，同时配上简洁、有吸引力的标题，这样可以在观众浏览视频时吸引其点击视频。

3.2　使用"图文成片"剪辑图文类短视频

剪映有一个智能化的创作功能——图文成片，用户只需输入一段文字，剪映就能智能匹配图片素材，添加字幕、旁白和音乐，并自动生成视频。同时，用户还可以进一步手动剪辑进行精细化调节，直到制作出满意的短视频作品。

↘ 3.2.1 使用 AI 功能生成图文类短视频

使用 AI 功能生成
图文类短视频

下面将介绍如何使用"图文成片"中的 AI 功能生成视频，用户只需描述自己的想法，即可让 AI 自动完成文案及视频的生成工作，其中包括智能生成文案、智能匹配素材。具体操作方法如下。

步骤 01 在剪映的创作辅助功能区中点击"图文成片"按钮 □，如图 3-1 所示。

步骤 02 在打开的界面中选择生成文案的方式，可以自由编辑文案，也可使用 AI 功能智能生成文案。"智能写文案"中提供了一些预设主题，选择所需主题，在此选择"营销广告"，如图 3-2 所示。

步骤 03 在打开的界面中输入产品名和产品卖点，选择视频时长，然后点击"生成文案"按钮，如图 3-3 所示。

图 3-1　点击"图文成片"按钮

图 3-2　选择文案主题

图 3-3　设置文案参数

步骤 04 稍等片刻，生成文案，如图 3-4 所示。剪映默认提供 3 条文案，可以点击界面下方的翻页按钮进行浏览。点击界面右上方的 ✎ 按钮可以编辑文案内容，点击界面左下方的 C 按钮可以重新生成 3 条文案。

步骤 05 确定要使用的文案，点击"生成视频"按钮，在弹出的界面中选择"智能匹配素材"选项，如图 3-5 所示。

步骤 06 根据文案内容自动匹配图片素材、字幕、音乐、配音等，视频生成后进入视频编辑界面，如图 3-6 所示。

步骤 07 选中视频片段，点击"替换"按钮 ▣，如图 3-7 所示。

步骤 08 在弹出的界面中可以将所选片段替换为本地素材，也可在线搜索图片或视频素材替换为其他网络素材。素材替换完成后点击界面左上方的 ☒ 按钮，如图 3-8 所示。

步骤 09 在"本地草稿"列表中点击"图文"类别，可以看到创建的图文项目，以便再次进行编辑，如图 3-9 所示。

图 3-4 生成文案

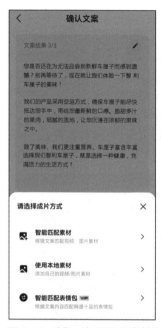

图 3-5 选择"智能匹配素材"
选项

图 3-6 生成视频

图 3-7 点击"替换"按钮

图 3-8 替换素材

图 3-9 查看图文项目

↘ 3.2.2 使用现有素材创作图文类短视频

使用 AI 功能生成的文案和素材往往只具有参考价值，很多时候并不能完全满足用户的需求。如果用户已有文案和图片素材，可以利用"图文成片"功能快速制作更为贴合自身需求的短视频。具体操作方法如下。

使用现有素材创作图文类短视频

步骤 01 点击"图文成片"按钮 ，在打开的界面中选择"自由编辑文案"选项，如图 3-10 所示。

步骤 02 在弹出的界面中输入或粘贴文案，然后点击"应用"按钮，在弹出的界面中选择"使用本地素材"选项，如图 3-11 所示。

步骤 03 图文类视频生成后，进入视频编辑界面，点击"音色"按钮 ，如图 3-12 所示。

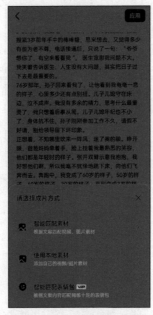

图 3-10　选择"自由编辑文案"　图 3-11　选择"使用本地素材"　图 3-12　点击"音色"按钮
　　　　　选项　　　　　　　　　　　　选项

步骤 04 在弹出的界面中点击"男声音色"标签，然后选择"译制片男"音色，点击 按钮，如图 3-13 所示。

步骤 05 点击"风格套图"按钮 ，在弹出的界面中选择所需的风格图片，在此选择"风景摄影"，即可将一组风景摄影照片填充到视频中，然后点击 按钮，如图 3-14 所示。

步骤 06 点击"主题模板"按钮 ，在弹出的界面中选择"情感鸡汤"主题，即可一键套用此模板，快速对视频进行包装，如添加图片动画、添加转场、添加画面特效、应用文本样式等，然后点击 按钮，如图 3-15 所示。

步骤 07 选中文本片段，点击"编辑"按钮 ，如图 3-16 所示。

图 3-13　选择音色　　　　图 3-14　选择风格图片　　　图 3-15　选择主题模板

步骤 08 在弹出的界面中点击 "字体" 按钮, 然后点击 "书法" 标签, 选择 "柳公权" 字体, 如图 3-17 所示。

步骤 09 点击 "样式" 按钮, 然后点击 "文本" 标签, 然后拖动滑块调整字号, 如图 3-18 所示。

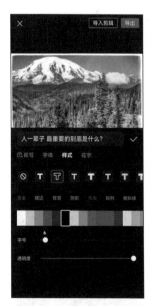

图 3-16　点击 "编辑" 按钮　　图 3-17　选择字体　　　图 3-18　设置样式和字号

步骤 10 点击 "排列" 标签, 调整字间距为 2, 点击 ☑ 按钮, 如图 3-19 所示。

步骤 11 选中需要替换的背景音乐, 点击 "替换" 按钮 ▣, 如图 3-20 所示。

步骤 12 在弹出的界面中选择背景音乐，在此选择"抖音收藏"中的音乐，点击"使用"按钮，如图 3-21 所示。

图 3-19　调整字间距　　　图 3-20　点击"替换"按钮　　　图 3-21　选择背景音乐

步骤 13 点击"音量"按钮，在弹出的界面中拖动滑块调整音量为 16，然后点击 ✓ 按钮，如图 3-22 所示。

步骤 14 选中要替换的图片，点击"替换"按钮，在弹出的界面中选择本地图片进行替换，然后点击界面左上方的 ✕ 按钮，如图 3-23 所示。

步骤 15 采用同样的方法继续替换其他图片，然后预览视频效果，如图 3-24 所示。

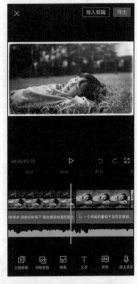

图 3-22　调整音量　　　图 3-23　替换图片　　　图 3-24　预览视频效果

3.3 精剪图文类短视频

使用"图文成片"功能生成图文类短视频后，若需要进行更精细的剪辑操作，可以将图文类短视频导入视频编辑界面中，根据需要对文本、音频、动画、转场、特效、色彩等进行调整。

效果——精剪图文类短视频

↘ 3.3.1 编辑文本

下面对图文类短视频中的文本进行编辑，用户可以根据需要修改文本样式或内容，并确认是否更新相应的文本朗读。具体操作方法如下。

步骤 **01** 打开图文剪辑项目，点击界面上方的"导入剪辑"按钮，如图 3-25 所示。

步骤 **02** 进入视频编辑界面，选中第 1 张图片，点击"替换"按钮，如图 3-26 所示。

步骤 **03** 在弹出的界面中使用黑色图片进行替换，然后选中第一个文本片段，点击"编辑"按钮，如图 3-27 所示。

编辑文本

图 3-25 点击"导入剪辑"按钮

图 3-26 点击"替换"按钮

图 3-27 点击"编辑"按钮

步骤 **04** 在弹出的界面中对文本样式进行编辑，如文本换行、设置颜色、调整字间距等，然后点击按钮，如图 3-28 所示。

步骤 **05** 弹出提示信息框，询问是否更新文本朗读，由于在此没有改变文本内容，所以点击"取消"按钮，不更新文本朗读，如图 3-29 所示。

步骤 **06** 调整文本的大小，将时间指针定位到文本片段左端，选中文本片段，点击"添加关键帧"按钮，如图 3-30 所示。

图 3-28　设置文本样式　　图 3-29　点击"取消"按钮　　图 3-30　点击"添加关键帧"按钮

步骤 07　将时间指针定位到文本片段的右端，在预览区调整文本的大小，将自动添加第 2 个关键帧，此时即可制作文本放大动画效果，如图 3-31 所示。

步骤 08　点击"动画"按钮 ，在弹出的界面中点击"入场"标签，选择"渐显"动画，拖动滑块调整时长。采用同样的方法添加"渐隐"出场动画，点击 按钮，如图 3-32 所示。

步骤 09　对第 2 个文本片段进行分割和编辑，将其分割为"3 岁那年"和"我紧握手中的棒棒糖"两个片段，如图 3-33 所示，并取消更新文本朗读。采用同样的方法编辑其他文本，如果修改了文本内容，则需要更新文本朗读。

图 3-31　调整文本大小　　图 3-32　添加文本动画　　图 3-33　分割并编辑文本片段

↘ 3.3.2 编辑视频效果

如果对"图文成片"功能自动添加的视频效果不满意，可以根据需要更改或添加新的视频效果。下面对图文类短视频的视频效果进行编辑，包括编辑动画效果、转场效果、画面特效等。具体操作方法如下。

编辑视频效果

步骤 **01** 将时间指针定位到最左端，点击"特效"按钮，然后点击"画面特效"按钮，在弹出的界面中搜索"渐显"，选择"渐显开幕"特效，点击"调整参数"按钮，拖动滑块调整"速度"参数，依次点击"取消"按钮和✔按钮，如图 3-34 所示。

步骤 **02** 选中"渐显开幕"特效，点击"作用对象"按钮，如图 3-35 所示。

步骤 **03** 在弹出的界面中点击"全局"按钮，然后点击✔按钮，如图 3-36 所示。

图 3-34 设置特效参数　　图 3-35 点击"作用对象"按钮　　图 3-36 点击"全局"按钮

步骤 **04** 选中第 2 张图片，点击"动画"按钮，在弹出的界面中点击"出场动画"按钮，选择"放大"动画，拖动滑块将动画时长调至最长，然后点击✔按钮，如图 3-37 所示。

步骤 **05** 选中第 3 张图片，使用关键帧为其制作画面缩小动画，如图 3-38 所示。

步骤 **06** 选中第 4 张图片，点击"动画"按钮，在弹出的界面中点击"组合动画"按钮，选择"哈哈镜"动画，拖动滑块将动画时长调至最长，然后点击✔按钮，如图 3-39 所示。

步骤 **07** 点击第 4 张和第 5 张图片之间的转场按钮，在弹出的界面中点击"模糊"分类，选择"模糊"转场，拖动滑块调整转场时长为 0.8s，然后点击✔按钮，如图 3-40 所示。采用同样的方法，继续设置其他图片的动画效果和转场效果。

图 3-37　添加出场动画　　　图 3-38　使用关键帧制作动画　　　图 3-39　添加组合动画

步骤 08 对于时间较长的图片素材，可以为其添加多个动画效果。选中图片，点击"动画"按钮，在弹出的界面中点击"组合动画"按钮，选择"荡秋千Ⅱ"动画，拖动滑块将动画时长调至最长，然后点击按钮，如图 3-41 所示。为该图片的下一张图片添加"荡秋千Ⅱ"组合动画，使图片之间顺畅过渡。

步骤 09 为"那年我恍然大悟"文本所在的图片添加"星火"特效，如图 3-42 所示。

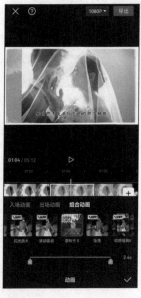

图 3-40　添加转场效果　　　图 3-41　添加组合动画　　　图 3-42　添加"星火"特效

步骤 ⑩ 为婚礼图片添加 "怦然心动" 和 "浪漫氛围" 特效，如图 3-43 所示。

步骤 ⑪ 选中图片，点击 "抖音玩法" 按钮，如图 3-44 所示。

步骤 ⑫ 在弹出的界面中点击 "运镜" 标签，选择 "3D 照片" 特效，点击 ✅ 按钮，如图 3-45 所示。

图 3-43　添加画面特效　　图 3-44　点击 "抖音玩法" 按钮　　图 3-45　选择 "3D 照片" 特效

步骤 ⑬ 为 "不知哪里吹来一阵风 迷了我的眼" 文本所在的图片添加 "变黑白" 特效，如图 3-46 所示。

步骤 ⑭ 为后续的图片添加 "柔光" 特效，如图 3-47 所示。

步骤 ⑮ 为 3 张相邻的奔跑背影图片均添加 "转圈圈" 组合动画，如图 3-48 所示，然后在这 3 张图片之间添加 "云朵" 转场效果。

 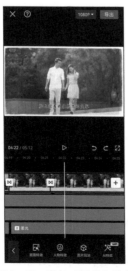 

图 3-46　添加 "变黑白" 特效　　图 3-47　添加 "柔光" 特效　　图 3-48　添加组合动画

↘ 3.3.3 视频调色

下面将介绍如何对短视频进行调色，统一短视频的整体颜色风格。具体操作方法如下。

步骤 01 将时间指针定位到要调色的位置，在一级工具栏中点击"调节"按钮🔲，如图 3-49 所示。

步骤 02 在弹出的界面中调整饱和度为 −15，光感为 +15，锐化为 +40，色温为 −8，色调为 +8，然后点击✔️按钮，如图 3-50 所示。

步骤 03 根据需要调整调节片段的长度，如图 3-51 所示。采用同样的方法，继续对其他图片进行调色。

视频调色

图 3-49　点击"调节"按钮

图 3-50　调整调节按钮

图 3-51　调整调节片段长度

↘ 3.3.4 制作片尾

下面利用剪映的排版功能制作图文类短视频的片尾，该片尾需要将人物不同年龄的重要时刻聚到一张图片上，增强画面视觉表现力，升华视频主题。具体操作方法如下。

制作片尾

步骤 01 使用剪映创建新项目，在弹出的界面中选择 8 个不同年龄的人物图片素材，点击"分屏排版"按钮，如图 3-52 所示。

步骤 02 在弹出的界面下方点击"比例"按钮🔲，选择"16：9"比例，如图 3-53 所示。

步骤 03 点击"布局"按钮🔲，选择所需的图片布局，如图 3-54 所示。

步骤 04 根据需要调整各图片的位置，点击"导入"按钮，如图 3-55 所示。

步骤 05 进入视频编辑界面，根据需要调整各图片的颜色，然后调整片段的时长为 10 秒，点击"导出"按钮导出视频，如图 3-56 所示。

步骤 06 打开图文类短视频剪辑项目，将片尾部分的图片均替换为黑色图片，然后将片尾文本移至画面中间位置，效果如图 3-57 所示。

图 3-52　点击"分屏排版"按钮

图 3-53　选择比例

图 3-54　选择图片布局

图 3-55　调整图片位置

图 3-56　调整片段时长

图 3-57　调整文本位置

步骤 07 点击"画中画"按钮🔲，添加前面导出的拼图视频，然后点击"混合模式"按钮🔲，如图 3-58 所示。

步骤 08 在弹出的界面中调整不透明度为 70，然后点击✅按钮，如图 3-59 所示。

步骤 09 点击"动画"按钮▶，在弹出的界面中点击"入场动画"按钮，选择"渐显"动画，调整动画时长为 6.7s，然后添加"渐隐"出场动画，调整动画时长为 0.6s，点击✅按钮，如图 3-60 所示。短视频制作完成后，预览视频整体效果，确认不再修改后即可导出短视频。

图 3-58　点击"混合模式"按钮

图 3-59　调整不透明度

图 3-60　添加动画效果

3.3.5　制作视频封面

下面为图文类短视频制作一个封面，若要将短视频发布到抖音平台，则需要将封面图的比例设置为 3∶4。具体操作方法如下。

步骤 01　使用剪映创建新项目，导入封面图片素材，并修剪图片素材的长度为 10 帧，如图 3-61 所示。

步骤 02　在一级工具栏中点击"比例"按钮■，在弹出的界面中选择"16∶9"，该比例与图文类短视频的比例相同，然后点击☑按钮，如图 3-62 所示。

制作视频封面

图 3-61　修剪图片长度

图 3-62　选择视频比例

步 骤 03 选中图片素材，点击"编辑"按钮，然后点击"裁剪"按钮，如图 3-63 所示。

步 骤 04 进入裁剪界面，在界面下方选择"3 : 4"，调整图像的大小和位置，然后点击按钮，如图 3-64 所示。

图 3-63　点击"裁剪"按钮

图 3-64　裁剪画面

步 骤 05 在一级工具栏中点击"背景"按钮，然后点击"画布模糊"按钮，如图 3-65 所示。

步 骤 06 在弹出的界面中选择模糊程度，然后点击按钮，如图 3-66 所示。

图 3-65　点击"画布模糊"按钮

图 3-66　选择模糊程度

步骤 **07** 在画面中输入标题和副标题，并设置文本样式，效果如图 3-67 所示。

步骤 **08** 点击主轨道右侧的"添加素材"按钮，将前面导出的图文类短视频添加到视频编辑界面，然后点击"导出"按钮即可导出短视频，如图 3-68 所示。如果想更换视频封面，只需替换封面图片素材，效果如图 3-69 所示。

图 3-67　编辑标题和副标题

图 3-68　添加图文类短视频

图 3-69　更换视频封面

课后练习

　　打开"素材文件\第3章\课后练习"文件夹，将图片素材导入剪映中，制作一条知识科普图文类短视频。

　　关键操作：使用"图文成片"功能生成图文类短视频、更改音色和字体、添加与替换图片、调整文本片段、编辑图片动画效果、添加转场效果、添加贴纸和画面特效、图片单独调色、制作片头。

第4章 制作旅行 Vlog

知识目标

- 了解旅行Vlog的剪辑思路与撰写脚本的方法。
- 掌握剪辑旅行Vlog的方法。
- 掌握编辑旅行Vlog音频和音效的方法。
- 掌握为旅行Vlog添加视频效果、视频调色和添加字幕的方法。
- 掌握制作旅行Vlog片头和片尾的方法。

能力目标

- 能够熟练地剪辑旅行Vlog。
- 能够为旅行Vlog添加音频、音效和字幕。
- 能够为旅行Vlog添加转场效果和画面特效。
- 能够根据需要对旅行Vlog进行调色。

素养目标

- 在短视频创作中培养审美意识，不断提升审美水平。
- 弘扬爱国精神，用短视频记录祖国的大好河山。

　　旅行 Vlog 是一种以视频形式记录和展示旅行经历的内容形式，它通过拍摄和剪辑旅途中的点滴，向观众呈现旅行者的视角和体验，包括交通出行、住宿、饮食、游玩等内容。本章将以剪辑"悦游大理"Vlog 为例，详细介绍旅行 Vlog 的剪辑思路和制作方法。

4.1 旅行 Vlog 的剪辑思路

旅行 Vlog 要有节奏感，快慢结合，张弛有度。创作者应根据不同的内容来调整节奏，使整个 Vlog 更加流畅、自然。

在后期制作阶段，旅行 Vlog 的剪辑思路如下。

（1）明确视频目的

在剪辑旅行 Vlog 之前，明确视频目的对确定剪辑风格和情感基调至关重要。如果目的是展示自然风光，那么延时摄影镜头、航拍镜头和平稳缓慢的镜头将是主体；如果目的是展示文化特色和人文风情，则需要注重细节和人物访谈的镜头；如果目的是展示真实的人物情感和故事，那么情节的连贯性和人物情感的表达则更加重要。

（2）整理素材

在整理素材时，可以按照旅行的主题和目的进行分类，将相关素材归入不同的文件夹中。对于每个文件夹中的素材，进一步筛选出最能反映旅行体验和情感的片段进行标记或备份。

在选择旅拍素材时，除了选择壮观的风景和特色建筑等大场景外，还要关注细节元素，如人物的表情、手工艺品的纹理等。这些细节元素能够为视频增添丰富的情感和故事性，使观众更深刻地感知旅行的意义。

（3）剪辑镜头画面

在剪辑旅行 Vlog 时，可以根据时间线进行剪辑，从旅行的第一天到第二天，按时间顺序来呈现旅程；也可以根据地点的变化来剪辑，跟随旅行者的脚步，从一处风景到另一处风景。

为了给观众留下深刻的印象，在开场部分可以使用具有开场属性的镜头，如壮观的景色、独特的文艺表演、人物开门等。而在结尾部分，则可以借助日落或人物走出镜头的画面来收尾，让观众感受到旅行的结束，并给他们留下深刻的印象。

在选择中间的镜头时，不必严格遵循游玩的实际顺序，可以将具有相似光影效果的镜头剪辑在一起，或者将相似的主体动作串联起来，以增强视频的连贯性和节奏感。

（4）运用转场效果

转场分为无技巧转场和技巧转场两大类。常见的旅行 Vlog 无技巧转场方式包括遮挡镜头转场、天空转场、相同动作转场或运动转场等，在剪辑时需要考虑如何将这些转场方式与场景相结合。图 4-1 所示为人物将书包扔向天空，利用天空进行转场的效果。

图 4-1 天空转场

在选择技巧转场时，需要根据视频的内容和风格来进行选择。不同的转场效果可以创造出不同的视觉效果。同时，也要注意转场的时机和速度，避免过于突兀或过于缓慢而影响观众的观感。

（5）视频调色

在对视频素材进行调色时，要注意保持画面色彩的真实性和统一性。由于每个场景的明暗程度和色彩特点都不尽相同，所以需要根据实际情况调整曝光、对比度、色温和色相等参数。适当的调色可以使画面更加鲜明、生动，但过度的调色可能会使画面出现失真，以致影响观众的观感。

对于画面中的特定区域，可以适当调整色彩，以突出重点或营造特定的氛围。但需要注意的是，调整色彩时要避免过于突兀或不自然的情况出现，否则非但无法增强画面的表现力，反而会影响观众的观感，让他们感到不适。

（6）选择背景音乐和音效

在选择背景音乐和音效时，要注意音乐的起伏变化和音效的真实感。选择音波起伏明显的配乐，通常会有铺垫、爬升、反转和高潮等段落的情节，这种变化不仅能够提升视频的质量，还能有效地引导观众的情绪，更容易使观众沉浸在视频所营造的氛围中。

除了背景音乐外，音效也是增强视频氛围感的重要元素。恰当的音效能够增强视频的真实感和生动性，如孩子们的笑声、动物的叫声、风声、雨声等音效。

4.2　剪辑旅行 Vlog

下面将以剪辑"悦游大理"Vlog 为例，详细介绍如何撰写旅行 Vlog 脚本，以及如何剪辑视频素材、调整画面构图、添加旁白和调整视频节奏等。

↘ 4.2.1　撰写"悦游大理"Vlog 脚本

旅行 Vlog 具有生动、真实的特点，能够让观众观赏旅途中的风景，感受人文和情感。在拍摄完相关素材之后，我们可以根据场景变化或画面内容对素材进行分类。

效果——"悦游大理"Vlog

本案例的素材主要分为以下 5 个部分。

（1）洱海的美景

该部分素材通过不同的角度和景别展现了大理洱海的自然风光，为观众呈现出一幅幅美丽、宁静、和谐的画面，如图 4-2 所示。

图 4-2　展现洱海美景的镜头

（2）海鸥

该部分素材通过全景、中近景和特写等景别，展现了海鸥在水面上飞翔，阳光洒在湖面波光粼粼的美景，如图4-3所示。

图4-3　展现海鸥的镜头

（3）人物在阳光森林休闲艺园游玩

该部分素材通过远景、全景、中景和特写等景别，展现了人物在大理阳光森林休闲艺园游玩的画面，如图4-4所示。

图4-4　展现人物在大理阳光森林休闲艺园游玩的镜头

（4）人物在洱海边游玩

该部分素材通过远景、全景、中景、中近景等不同景别，展现了人物在大理洱海边游玩的画面，如图4-5所示。画面中人物闭着眼睛，任由微风吹拂，展现出一种享受自然、放松身心的状态。

图4-5　展现人物在洱海边游玩的镜头

（5）旅行中的精彩瞬间

该部分照片素材通过不同的角度和构图，展现了人物在大理古城、洱海、苍山、扎染坊等地点游玩的精彩瞬间，呈现了当地独特的自然风光和民族文化的魅力，如图 4-6 所示。

图 4-6　展现精彩瞬间的照片素材

根据整理好的素材和旁白音频，厘清剪辑思路。本案例的剪辑思路为：以人物在大理旅行的场景变化为主线，结合旁白音频进行剪辑，将大理的美景一一呈现出来。在结尾部分穿插一些照片素材，展现人物在旅行中的精彩瞬间，以及大理的特色景点。通过照片与视频的结合，为观众呈现出更加丰富和立体的大理形象。

表 4-1 为创作者为"悦游大理"Vlog 撰写的短视频脚本。

表4-1　"悦游大理"Vlog短视频脚本

序号	景别	角度	画面内容	音效	字幕
1	远景	俯拍（航拍）	晴天时洱海的美景	风吹动水声	你以为这是在欧洲
2	大远景	俯拍（航拍）	多云时洱海的美景		但其实它是大理
3	远景	俯拍（航拍）	洱海的晚霞	海鸥叫声	你以为这是宫崎骏的漫画
4	全景	平拍	海鸥飞过		但其实它是大理
5	远景	平拍	一艘小船驶过		你以为这是某个沿海城市
6	中景	平拍（背面）	人物在桥上眺望	风声	但其实它还是大理
7	大远景	俯拍（航拍）	洱海的美景		大理是无论去了多少次

续表

序号	景别	角度	画面内容	音效	字幕
8	特写	俯拍	喂海鸥	海鸥叫声	依旧会让人心动的地方
9	大远景	俯拍（侧面）	人物在麦田中	风声	喜洲的麦田
10	近景	平拍	院中晾晒的扎染	风声	白族的扎染
11	远景	平拍	苍山美景		苍山的墨色
12	远景	平拍	人物在湖边荡秋千		和洱海的湛蓝
13	大远景	俯拍（航拍）	洱海的美景		都凝固在这方柔软之地
14	特写	仰拍	风铃	风铃声	这一刻世界宁静
15	近景	俯拍（背面）	人物走在花丛中		
16	全景	仰拍（侧面）	人物走在花丛中	海鸥叫声	而我也终于找寻到了
17	中景	仰拍（后侧）	人物走在花丛中		向往已久的安宁
18	中景	仰拍	人物和羊驼		在这里，你永远想象不到
19	全景	仰拍（侧面）	人物牵着羊驼		
20	全景	仰拍（后侧）	人物坐在桥上		会有一座长在湖里的浪漫廊桥
21	大远景	平拍	湛蓝的洱海		下午的阳光洒在湖面上
22	近景	俯拍	波光粼粼的湖面	海鸥叫声	无数金光闪烁其间
23	中近景	平拍（后侧）	人物眺望远方		如梦似幻
24	全景	仰拍（前侧）	人物闭眼吹着风		而我想了100种关于洱海的文案，都不及此刻吹来的风
25	全景	平拍（背面）	人物站在廊桥上	风声	以及眼前的风景
26	中近景	平拍（背面）	人物向湖边走去		于是我转身向洱海走去
27	中景	平拍（后侧）	人物站在湖边		是此刻心的选择
28	全景	大角度俯拍	人物在花丛中走过		所以啊
29			照片展示	拍照声	我想用镜头里的绝美画面告诉你，爱上大理
30	全景	仰拍（后侧）	人物眺望远方		只需要一个瞬间

↘ 4.2.2　剪辑视频素材

下面按照短视频脚本对 Vlog 视频素材进行粗剪，具体操作方法如下。

剪辑视频素材

步骤 01 打开剪映，点击"开始创作"按钮 ⊞，进入"添加素材"界面，选中要添加的视频素材，点击"添加"按钮，如图 4-7 所示。

步骤 02 将时间指针定位到 00:06 的位置，选中"视频 1"素材，点击"分割"按钮 ∥ 分割素材，然后点击"删除"按钮 🗑 删除时间指针右侧的片段，如图 4-8 所示。

步骤 03 根据需要对各视频素材进行修剪，分割并删除多余的片段，如图 4-9 所示。

图 4-7　导入视频素材

图 4-8　分割与删除素材

图 4-9　修剪视频素材

↘ 4.2.3　调整画面构图

下面将介绍如何使用"比例"和"缩放"功能对视频画面进行二次构图，具体操作方法如下。

调整画面构图

步骤 01 在一级工具栏中点击"比例"按钮 ▣，在弹出的界面中选择"16 ：9"，然后点击 ✓ 按钮，如图 4-10 所示。

步骤 02 将时间指针定位到要添加新素材的位置，点击主轨道右侧的"添加素材"按钮 ⊞，依次选中要导入的其他视频素材和照片素材，然后点击"添加"按钮，如图 4-11 所示。

步骤 03 对新添加的素材进行修剪，选中"视频 29"片段，长按并向右拖动至短视频的尾端，如图 4-12 所示。

步骤 **04** 选中需要调整画面比例的图片片段，在工具栏中点击"基础属性"按钮 ，如图 4-13 所示。

步骤 **05** 在弹出的界面中点击"缩放"按钮，拖动标尺调整缩放参数为 118%，在预览区中拖动画面至合适的位置，如图 4-14 所示。

步骤 **06** 采用同样的方法，调整其他图片片段的画面比例，如图 4-15 所示。

图 4-10　选择比例

图 4-11　添加新素材

图 4-12　调整素材顺序

图 4-13　点击"基础属性"按钮

图 4-14　调整缩放参数

图 4-15　调整画面比例

↘ 4.2.4　添加旁白

下面将介绍如何将旁白音频添加到 Vlog 中并进行剪辑，具体操作方法如下。

添加旁白

步骤 01 在主轨道最左侧点击"关闭原声"按钮🔇，在一级工具栏中点击"音频"按钮🎵，然后点击"提取音乐"按钮📁，如图 4-16 所示。

步骤 02 在相册中选择包含旁白的视频文件，点击"仅导入视频的声音"按钮，如图 4-17 所示。

步骤 03 修剪"视频 2"片段的右端到第 3 句旁白的开始位置，如图 4-18 所示。采用同样的方法，根据旁白音频中的旁白对其他视频片段和图片片段进行修剪。

图 4-16　点击"提取音乐"
按钮

图 4-17　点击"仅导入视频的
声音"按钮

图 4-18　修剪视频片段

↘ 4.2.5　调整视频节奏

下面将介绍如何使用"常规变速"功能调整视频节奏，具体操作方法如下。

调整视频节奏

步骤 01 选中"视频 13"片段，点击"变速"按钮⏱，在弹出的界面中点击"常规变速"按钮⤢，如图 4-19 所示。

步骤 02 在弹出的"变速"界面中向右拖动滑块，调整速度为 1.5x，然后点击✓按钮，如图 4-20 所示。

步骤 03 根据需要继续对其他视频素材进行常规变速调整，调速完成后点击✓按钮，如图 4-21 所示。

图 4-19　点击"常规变速"按钮　　图 4-20　调整播放速度　　图 4-21　调整其他片段播放速度

4.3　编辑音频和音效

　　为"悦游大理"Vlog 添加背景音乐和音效，能够提升视频的氛围感，让观众更加投入地欣赏大理的美景。

↘ 4.3.1　编辑音频

　　下面将介绍如何调整音量，并增强背景音乐的声音效果，具体操作方法如下。

编辑音频

步骤 01 将时间指针定位到短视频的开始位置，选中旁白音频，点击"音量"按钮，如图 4-22 所示。

步骤 02 在弹出的界面中拖动滑块调整音量为 125，然后点击✓按钮，如图 4-23 所示。

步骤 03 点击"声音效果"按钮，在弹出的界面中点击"场景音"按钮，选择"麦霸"效果，拖动滑块将强弱调整为 20，然后点击✓按钮，如图 4-24 所示。

步骤 04 在一级工具栏中点击"音频"按钮，然后点击"音乐"按钮，在"音乐"界面上方的搜索框中输入"去有风的地方"，搜索音乐，选择需要的音乐，然后点击"使用"按钮，如图 4-25 所示。

步骤 05 选中背景音乐，点击"音量"按钮，在弹出的界面中拖动滑块调整音量为 110，然后点击✓按钮，如图 4-26 所示。

步骤 06 选中背景音乐，修剪其右端至与"视频 29"片段的右端对齐，点击"淡化"按钮，在弹出的界面中拖动滑块调整淡出时长为 2.0s，点击✓按钮，如图 4-27 所示。

图 4-22　点击"音量"按钮

图 4-23　调整音量

图 4-24　选择"麦霸"效果并
调整强弱

图 4-25　搜索音乐并使用

图 4-26　调整音量

图 4-27　调整淡出时长

4.3.2　编辑音效

下面将介绍如何根据 Vlog 画面内容添加对应的音效，具体操作方法如下。

步骤 **01** 将时间指针定位到短视频的开始位置，在一级工具栏中点击"音频"按钮，然后点击"音效"按钮，在弹出的界面中搜索"海边风吹动海水的声音"，在搜索结果列表中选择要使用的音效，点击"使用"按钮，如图 4-28 所示。

编辑音效

步骤 **02** 对音效片段进行修剪，使其右端与"视频 1"片段的右端对齐，如图 4-29 所示。

步骤 **03** 点击"淡化"按钮，在弹出的界面中拖动滑块调整淡入时长为 2.0s，如图 4-30 所示。

图 4-28 搜索音效　　　　图 4-29 修剪音效　　　　图 4-30 调整淡入时长

步骤 **04** 添加"大海—有海鸟叫海浪海鸥海鸟""海浪 海鸥 海边环境音""海风"音效，如图 4-31 所示。

步骤 **05** 在"视频 8"片段下方添加"海鸥叫声"音效，并对其进行修剪，如图 4-32 所示。

步骤 **06** 调整"海鸥叫声"音效的音量为 88，淡出时长为 2.0s，如图 4-33 所示。

步骤 **07** 采用同样的方法，根据画面内容添加对应的音效，如图 4-34 所示。

步骤 **08** 在"视频 28"片段下方添加"咔嚓，拍照声 1"音效，点击"音量"按钮，在弹出的界面中向右拖动滑块调整音量，然后点击按钮，如图 4-35 所示。

步骤 **09** 点击"变速"按钮，在弹出的界面中向右拖动滑块，调整速度为 2.5x，然后点击按钮，如图 4-36 所示。

步骤 **10** 长按并拖动"咔嚓，拍照声 1"音效至"视频 28"和"照片 1"片段之间，然后点击"复制"按钮，如图 4-37 所示。

步骤 ⑪ 采用同样的方法复制多个"咔嚓，拍照声 1"音效，然后根据需要将其拖至合适的位置，如图 4-38 所示。

图 4-31 添加音效　　　　图 4-32 修剪音效　　　　图 4-33 调整淡出时长

图 4-34 添加音效　　　　图 4-35 调整音量　　　　图 4-36 调整速度

图 4-37　点击"复制"按钮

图 4-38　复制多个音效移至合适位置

4.4　添加视频效果

　　为"悦游大理"Vlog 添加转场效果和画面特效等视频效果，可以使整个视频更加生动、有趣，提升观众的观看体验。

↓ 4.4.1　添加转场效果

　　下面将介绍如何为 Vlog 添加转场效果，主要用到了"泛光""云朵""闪白"等转场效果。具体操作方法如下。

添加转场效果

　步骤 **01** 点击"视频 2"和"视频 3"片段之间的转场按钮⫿，在弹出的界面中选择"光效"分类下的"泛光"转场效果，然后点击✓按钮，如图 4-39 所示。

　步骤 **02** 点击"视频 4"和"视频 5"片段之间的转场按钮⫿，在弹出的界面中选择"叠化"分类下的"云朵"转场效果，然后点击✓按钮，如图 4-40 所示。

　步骤 **03** 采用同样的方法，在其他需要添加转场效果的片段之间添加"闪白"转场效果，如图 4-41 所示。

图 4-39　添加"泛光"转场效果

图 4-40　添加"云朵"转场效果

图 4-41　添加"闪白"转场效果

↘ 4.4.2　添加画面特效

下面将介绍如何为 Vlog 添加"手帐边框"特效，以制造拍照效果，具体操作方法如下。

添加画面特效

步骤 01 将时间指针定位到"图片 1"片段的开始位置，在一级工具栏中点击"特效"按钮■，在弹出的界面中点击"画面特效"按钮■，如图 4-42 所示。

步骤 02 在弹出的界面中选择"边框"分类下的"手帐边框"特效，然后点击■按钮，如图 4-43 所示。

步骤 03 调整"手帐边框"特效长度，使其右端与"图片 18"片段的右端对齐，然后点击"作用对象"按钮■，如图 4-44 所示。

图 4-42　点击"画面特效"按钮

图 4-43　选择"手帐边框"特效

图 4-44　调整特效长度

步骤 **04** 在弹出的界面中点击"全局"按钮 🗐 ，然后点击 ☑ 按钮，如图 4-45 所示。

步骤 **05** 将时间指针定位到"视频 29"片段的开始位置，添加"自然"分类下的"晴天光线"特效，点击"调整参数"按钮 ⚙ ，在弹出的界面中调整不透明度为 80，然后点击 ☑ 按钮，如图 4-46 所示。

步骤 **06** 调整"晴天光线"特效的长度，使其右端与"视频 29"片段的右端对齐，如图 4-47 所示。

图 4-45　点击"全局"按钮　　　图 4-46　调整特效参数　　　图 4-47　调整特效长度

4.5　视频调色

下面将介绍如何利用"滤镜"和"调节"功能对 Vlog 进行调色，具体操作方法如下。

视频调色

步骤 **01** 将时间指针定位到短视频开始位置，点击"滤镜"按钮 ⊗ ，在弹出的界面中选择"风景"分类下的"绿妍"滤镜，拖动滑块调整滤镜强度为 50，然后点击 ☑ 按钮，如图 4-48 所示。

步骤 **02** 调整滤镜的长度，使其覆盖整个短视频，如图 4-49 所示。

步骤 **03** 将时间指针定位到"视频 14"片段的开始位置，点击"新增滤镜"按钮 ⊗ ，在弹出的界面中选择"风景"分类下的"花园"滤镜，拖动滑块调整滤镜强度为 35，然后点击 ☑ 按钮，如图 4-50 所示。

步骤 **04** 调整"花园"滤镜的长度，使其右端与"视频 27"片段的右端对齐，如图 4-51 所示。

步骤 **05** 选择"视频 4"片段，点击"调节"按钮 ⚙ ，进入"调节"界面，根据需要调整各项调节参数，在此调整亮度为 7、对比度为 17、饱和度为 5，然后点击 ☑ 按钮，如

图 4-52 所示。

步骤 **06** 采用同样的方法对其他视频片段进行单独调色，如图 4-53 所示。

图 4-48　选择"绿妍"滤镜

图 4-49　调整滤镜长度

图 4-50　选择"花园"滤镜

图 4-51　调整滤镜长度

图 4-52　调整调节参数

图 4-53　调整其他视频片段的
调节参数

4.6　添加字幕

下面将介绍如何为短视频添加字幕，具体操作方法如下。

步骤01 在一级工具栏中点击"文本"按钮 T，点击"识别字幕"按钮 A，在弹出的界面中点击"开始匹配"按钮，开始自动识别字幕，如图 4-54 所示。

步骤02 选中文本，点击"编辑"按钮 Aa，在弹出的文本编辑界面中点击"字体"按钮，选择"思源黑体细"字体，如图 4-55 所示。

添加字幕

图 4-54　点击"开始匹配"按钮

图 4-55　选择字体

步骤03 点击"样式"按钮，点击"取消文本样式"按钮 ◎，再点击"阴影"标签，选择黑色阴影，拖动滑块调整透明度为 60%，然后点击 ✓ 按钮，如图 4-56 所示。

步骤04 点击"粗斜体"标签，点击"粗体"按钮 B，然后点击 ✓ 按钮，如图 4-57 所示。

图 4-56　调整阴影效果

图 4-57　点击"粗体"按钮

步骤 05 选择需要分割为短句的文本片段，点击"批量编辑"按钮 ，如图 4-58 所示。

步骤 06 在弹出的界面中将光标定位到要分割的位置，点击"换行"按钮即可进行分割，如图 4-59 所示。分割完成后，可以根据需要对文本进行修改，然后点击"导出"按钮导出视频。

图 4-58 点击"批量编辑"按钮

图 4-59 点击"换行"按钮

4.7 制作片头和片尾

下面将介绍如何制作 Vlog 片头和片尾，并添加文本动画。具体操作方法如下。

步骤 01 在剪映工作界面中点击"开始创作"按钮 ，将之前导出的视频导入视频编辑界面中，点击"画中画"按钮 ，在弹出的界面中点击"新增画中画"按钮 ，如图 4-60 所示。

步骤 02 进入"添加素材"界面，选中"涂抹"素材，然后点击"添加"按钮，如图 4-61 所示。

制作片头和片尾

步骤 03 在预览区调整素材的大小，在一级工具栏中点击"比例"按钮 ，在弹出的界面中选择"16：9"，然后点击 按钮，如图 4-62 所示。

步骤 04 选择"涂抹"片段，点击"抠像"按钮 ，在弹出的界面中点击"色度抠图"按钮 ，在预览区拖动取色器选取要抠除的绿色，如图 4-63 所示。

步骤 05 点击"强度"按钮 ，拖动滑块调整强度为 50，然后点击 按钮，如图 4-64 所示。

步骤 06 在一级工具栏中点击"文本"按钮 ，然后点击"文字模板"按钮 ，在弹出的界面中点击"文字模板"按钮 ，接着点击"简约"标签，选择所需的文字模板，点击 按钮，编辑片头文本，然后点击 按钮，如图 4-65 所示。

图 4-60　点击"新增画中画"
按钮

图 4-61　选择视频素材

图 4-62　选择比例

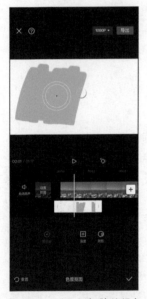

图 4-63　选取要抠除的绿色

图 4-64　调整抠图强度

图 4-65　编辑片头文本

步骤 **07** 点击"动画"按钮，在弹出的界面中点击"出场"标签，选择"渐隐"动画，然后点击✅按钮，如图 4-66 所示。

步骤 **08** 将时间指针定位到视频结束位置，采用同样的方法，为片尾添加合适的文字模板，如图 4-67 所示。

步骤 09 调整文字模板的长度，然后点击"导出"按钮导出视频，如图 4-68 所示。

图 4-66　选择"渐隐"动画

图 4-67　选择文字模板

图 4-68　点击"导出"按钮

课后练习

　　打开"素材文件\第4章\课后练习"文件夹，使用提供的视频素材制作一条自驾旅行 Vlog。

　　关键操作：粗剪视频素材、调整画面构图、添加背景音乐并调整视频节奏、添加转场效果、视频风格化调色、添加字幕、制作片头。

第5章 制作美食类短视频

知识目标

- 了解美食类短视频的剪辑思路与撰写脚本的方法。
- 掌握剪辑美食类短视频的方法。
- 掌握编辑美食类短视频音频和音效的方法。
- 掌握美食类短视频调色的方法。
- 掌握为美食类短视频添加转场、特效和字幕的方法。

能力目标

- 能够熟练地剪辑美食类短视频。
- 能够为美食类短视频添加音频和音效。
- 能够根据需要对美食类短视频进行调色。
- 能够为美食类短视频添加转场、特效和字幕。

素养目标

- 在守正创新中坚定文化自信，担当使命、奋发有为。
- 通过短视频弘扬乡村美食文化，助推乡村经济振兴。

　　美食是人们日常生活的重要组成部分，对美食的追求似乎刻在了中国人的文化基因里，因此美食类短视频也颇受青睐，在各类短视频平台中占据着重要的地位。这类短视频以各种各样的形式和内容吸引了大量的观众，为他们提供了关于美食的全新认知和体验。本章将以剪辑"香辣小龙虾"美食类短视频为例，介绍美食类短视频的剪辑思路和制作方法。

5.1　美食类短视频的剪辑思路

在快节奏的现代生活中，美食类短视频以其便捷的观看方式和丰富的视听体验，成为人们获取美食知识、享受美食乐趣的重要途径。

在后期制作阶段，美食类短视频的剪辑思路如下。

（1）明确视频类型

在剪辑美食类短视频时，首先需要明确视频的类型。不同类型的视频需要不同的剪辑手法和素材，以突出其特点和主题。

如果是教学类美食短视频，剪辑时应重点突出烹饪技巧和步骤，使用易于理解的镜头和剪辑方式，让观众能够清晰地了解每一个操作细节，如图 5-1 所示。

如果是测评类美食短视频，剪辑时应注重呈现美食的外观、色泽、口感等细节，同时融入博主的品尝感受和评价，如图 5-2 所示。使用特写镜头、慢动作、音效等手法，可以进一步增强短视频的视觉冲击力。

图 5-1　教学类美食短视频

图 5-2　测评类美食短视频

（2）整理和选择素材

在剪辑美食类短视频之前，需要搜集和整理多种素材，以确保视频的质量和内容的丰富，这些素材主要包括选择食材、烹饪过程、成品效果、品尝体验等。为了使观众能够清晰地了解烹饪步骤，需要从大量素材中挑选出拍摄质量高、画面清晰的素材来使用。

（3）运用剪辑手法

在剪辑美食类短视频时，保持镜头的连贯性是至关重要的。为了使烹饪过程流畅、自然，我们需要注意镜头的组接方式。在同一场景、同一时间下，如果有一个主体在连续做动作，我们可以将这些镜头在做动作的过程中进行组接。例如，图 5-3 所示的切菜动作，第 1 个镜头为人物切菜的中近景镜头，第 2 个镜头为人物切菜的特写镜头。这种组接方式能让画面主体的动作连贯、完整，看起来更加自然、流畅。

图 5-3 保持镜头的连贯性

除了保持镜头的连贯性外，美食类短视频还要有一定的节奏，既要保证内容的丰富，又不能过于拖沓。节奏的把控能够有效地调节观众对视频的观感，使观众在观看过程中始终保持兴趣。

（4）添加背景音乐和音效

恰当的音乐和音效不仅能为短视频营造出特定的氛围，还能提升观众的观看体验。例如，轻快的音乐可以让观众感受到轻松、愉快的氛围，而紧张、刺激的音乐则可以在某些关键部分吸引观众的注意力。

在选择音乐时，要注意与视频的主题和风格相吻合，避免音乐与内容产生冲突或过于突兀。音效的使用也要适度，不能过于夸张或干扰观众的观看体验。

（5）调色、添加特效和字幕

调整视频的色彩和色调，可以突出美食的细节和纹理，使视频画面更加鲜明、生动，让观众沉浸其中。

添加特效和字幕可以增强视频的表现力。例如，在介绍食材或烹饪步骤时，可以通过字幕或特效来突出重点信息。

5.2 剪辑美食类短视频

在剪辑美食类短视频的过程中，每一个环节都很重要。如何撰写一个结构完整、内容丰富的脚本，以及如何巧妙地剪辑视频素材，会直接影响视频的质量和观众的观感。下面通过案例探讨如何撰写美食类短视频脚本，以及如何按照脚本顺序进行粗剪和精剪。

↘ 5.2.1 撰写"香辣小龙虾"美食短视频脚本

在创作美食类短视频时，一个结构清晰、内容丰富的脚本是至关重要的。它不仅为后期剪辑提供了明确的指导，还确保了视频内容的连贯性和吸引力。本案例属于乡村美食教学类短视频，这类视频通常介绍原生态的食材，这些食材新鲜、无污染，能给观众带来一种饮食健康、原生态的感受。在拍摄完相关素材后，我们可以根据时间顺序、场景变化或画面内容对素材进行分类。

效果——"香辣小龙虾"美食短视频

本案例素材主要分为以下 4 部分。

（1）准备小龙虾

该部分素材主要包括人物将地笼放入虾塘、捕捞小龙虾、将小龙虾倒入竹筐的全过程，图 5-4 所示为部分镜头。这些镜头不仅增强了视频的可看性，还让观众对小龙虾的来源有了直观的了解，进一步强化了乡村美食的独特魅力。

图 5-4 准备小龙虾的镜头

（2）备菜

该部分素材主要包括人物择菜、洗菜、切菜的全过程，图 5-5 所示为部分镜头。这些镜头不仅记录了备菜过程中的关键步骤，还为观众带来了前所未有的视觉体验。

图 5-5 备菜的镜头

（3）烹饪过程

烹饪过程无疑是美食类视频的核心，它是将普通食材转化为诱人美食的关键时刻。

该部分素材主要包括人物在厨房油炸小龙虾，加入配料和香料进行翻炒，装盘上桌，图5-6所示为部分镜头。

图 5-6　烹饪过程的镜头

（4）品尝美食

在短视频的尾声，通过人物在凉亭中品尝美食的镜头，为观众呈现了温馨而令人愉悦的画面，图 5-7 所示为部分镜头。

图 5-7　品尝美食的镜头

通过整理素材，厘清剪辑思路。本案例的剪辑思路为：以人物制作美食的时间线为主线，中间穿插一些交代环境的空镜头，再结合舒缓的背景音乐进行剪辑。

表 5-1 为创作者为"香辣小龙虾"美食短视频撰写的脚本。

表5-1　"香辣小龙虾"美食短视频脚本

序号	景别	画面内容	音效	字幕
地点：虾塘				
1	远景	人物将地笼放入虾塘中	鸟叫声	
2	近景	地笼慢慢下沉	冒泡声	
3	远景	虾塘边的美景（空镜头）	鸟叫声	
4	近景	人物蹲在虾塘边收网		
5	全景	人物站起身收网	人声	

序号	景别	画面内容	音效	字幕
6	近景	将小龙虾倒入竹筐中	鸟叫声	
7	特写	活蹦乱跳的小龙虾		
8	大远景	人物拿起竹筐沥水		
9	全景	人物拿起竹筐沥水		
地点：菜园				
10	全景	人物摘菜		
11	特写	人物拔葱		
12	特写	人物在院子里洗菜	流水声	
13	特写	院子里的流水（空镜头）	流水声	
地点：厨房				
14	中景	人物切菜		
15	特写	人物切菜		
16	特写	用手将切好的葱段放入盘中，拿起小龙虾		
17	特写	将小龙虾倒入锅中	油炸声	倒入小龙虾
18	特写	用铲子翻动小龙虾		
19	特写	将小龙虾捞起		
20	特写	将小龙虾放入盆中备用		
21	特写	灶台里的火苗（空镜头）	燃烧声	
22	中景	人物将葱姜蒜倒入锅中	炒菜声	
23	特写	锅中的葱姜蒜		炸香后捞出
24	特写	将各种香料倒入锅中		加入香料
25	特写	用铲子在锅中翻炒		
26	特写	将碗中的豆瓣酱倒入锅中		加入豆瓣酱
27	特写	用铲子在锅中搅动		
28	特写	将炸好的小龙虾倒入锅中翻炒		
29	近景	人物炒菜		
30	特写	将料酒倒入锅中		加入料酒
31	特写	盖上锅盖		
32	中景	人物切秋黄瓜		
33	特写	将秋黄瓜倒入锅中翻炒	炒菜声	加入秋黄瓜
34	特写	将菜捞起		
35	特写	将菜放入盆中	嗞嗞声	

续表

序号	景别	画面内容	音效	字幕
		地点：凉亭		
36	全景	人物端着菜向凉亭走去	知了的叫声	
37	全景	人物走到凉亭		
38	特写	将小龙虾放到桌上		
39	特写	人手拿起一只小龙虾		
40	中景	人物正在剥虾壳		
41	特写	桌上的虾壳		
42	远景	人物享受美食		
43	特写	凉亭挂着的灯笼		

5.2.2 粗剪短视频

下面对拍摄的视频素材进行粗剪，先把整理好的视频素材导入剪映中，并对其进行初步修剪，删除不需要的片段，然后添加背景音乐。具体操作方法如下。

粗剪短视频

步骤 01 打开剪映，在工作界面中点击"开始创作"按钮+，将视频素材依次导入视频编辑界面中，如图5-8所示。

步骤 02 在一级工具栏中点击"比例"按钮■，在弹出的界面中选择"16：9"，然后点击✓按钮，如图5-9所示。

步骤 03 根据需要对各视频素材进行修剪，裁掉不需要的片段，如图5-10所示。

 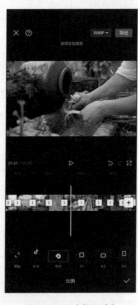 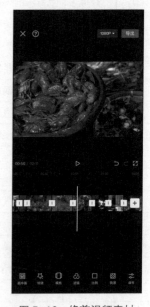

图5-8 导入视频素材　　　　图5-9 选择比例　　　　图5-10 修剪视频素材

步骤 04 选中"视频 35"片段，点击"复制"按钮▣，如图 5-11 所示。

步骤 05 将复制的视频片段拖至短视频的开始位置，修剪视频片段的左端到将要盛菜的位置，然后修剪视频片段的右端到 00:04 的位置，如图 5-12 所示。

步骤 06 在一级工具栏中点击"音频"按钮♪，然后点击"提取音乐"按钮▣，如图 5-13 所示。

图 5-11　复制视频片段　　　图 5-12　修剪视频片段　　　图 5-13　点击"提取音乐"
　　　　　　　　　　　　　　　　　　　　　　　　　　　　　　　　　　按钮

步骤 07 在相册中选择包含背景音乐的视频文件，点击"仅导入视频的声音"按钮，如图 5-14 所示。

步骤 08 选中背景音乐，在工具栏中点击"节拍"按钮▣，在弹出的界面中打开"自动踩点"开关━○，拖动滑块调整踩点节奏，然后点击☑按钮，如图 5-15 所示。

步骤 09 调整背景音乐位置，使其第 1 个节拍点与"视频 3"片段的开始位置对齐，如图 5-16 所示。

步骤 10 选中"视频 4"片段，点击"变速"按钮⊘，在弹出的界面中点击"常规变速"按钮↙，如图 5-17 所示。

步骤 11 在弹出的"变速"界面中向右拖动滑块，调整播放速度为 1.2x，然后点击☑按钮，如图 5-18 所示。

步骤 12 采用同样的方法对其他视频片段的播放速度进行调整，让视频播放速度适合背景音乐的节奏，如图 5-19 所示。

图 5-14　点击"仅导入视频的
　　　　声音"按钮

图 5-15　设置自动踩点

图 5-16　调整背景音乐位置

图 5-17　点击"常规变速"
　　　　按钮

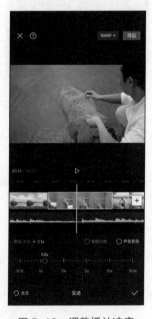

图 5-18　调整播放速度

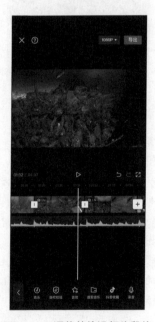

图 5-19　调整其他视频片段的
　　　　播放速度

↘ 5.2.3　精剪视频片段

精剪视频片段就是在粗剪的基础上打磨细节，一般包括镜头的增减、精细化的镜组接等。具体操作方法如下。

步骤 01 选中"视频 7"片段，在工具栏中点击"基础属性"按钮 ▣，如图 5-20 所示。

步骤 02 在弹出的界面中点击"缩放"按钮，拖动标尺调整缩放参数为 150%，如图 5-21 所示。采用同样的方法对其他视频片段的构图进行调整，使画面主题更加突出。

精剪视频片段

步骤 03 修剪"视频 3"片段的右端到第 2 个节拍点的位置，如图 5-22 所示。采用同样的操作方法，根据背景音乐的节拍点对其他视频片段进行修剪。

 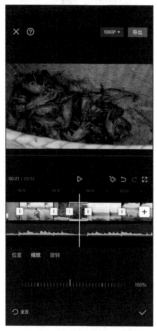 

图 5-20　点击"基础属性"　　图 5-21　调整缩放参数　　图 5-22　修剪"视频 3"片段
　　　　　按钮

步骤 04 对一组镜头的多个分镜片段进行精剪，如人物切菜时的镜头，修剪"视频 14"片段的右端到画面人物正要切菜的位置，如图 5-23 所示。

步骤 05 修剪"视频 15"片段的左端到画面人物正要切菜的位置，如图 5-24 所示。

步骤 06 将"视频 39"片段的右端修剪到人手拿起小龙虾后的位置，如图 5-25 所示。

步骤 07 将"视频 40"片段的左端同样修剪到人手拿起小龙虾后的位置，如图 5-26 所示。

步骤 08 采用同样的方法对人物切菜、炒菜、盛菜、食用等一系列的动作片段进行修剪，使每一组镜头衔接得更加流畅，如图 5-27 所示。

步骤 09 将时间指针定位到短视频的结束位置，选中背景音乐，点击"分割"按钮 ▤ 分割音乐。选中时间指针右侧的音乐片段，点击"删除"按钮 ▢ 将其删除，如图 5-28 所示。

图 5-23　修剪"视频 14"片段

图 5-24　修剪"视频 15"片段

图 5-25　修剪"视频 39"片段

图 5-26　修剪"视频 40"片段

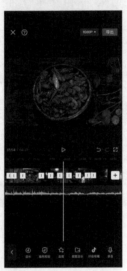

图 5-27　修剪其他片段

图 5-28　分割与删除音乐片段

5.3　编辑音频和音效

音频和音效在短视频中都扮演着重要的角色，它们能够传递出视频中的情感，使观众产生共鸣。下面为美食类短视频添加与画面匹配的音频和音效，让声画完美结合，给观众带来更好的观赏体验。

5.3.1　编辑音频

下面将介绍如何对背景音乐进行修剪、淡化和音频分离等，具体操作方法如下。

步骤 01 选中背景音乐，点击"音量"按钮 🔊，在弹出的界面中拖动滑块调整音量为 40，然后点击 ✓ 按钮，如图 5-29 所示。

步骤 02 点击"淡化"按钮 ⬛，在弹出的界面中拖动滑块调整淡入时长为 5.0s、淡出时长为 4.0s，然后点击 ✓ 按钮，如图 5-30 所示。

步骤 03 将时间指针定位到短视频的开始位置，选中"视频 35"片段，然后点击"音频分离"按钮 🔲，将音频分离出来，如图 5-31 所示。

编辑音频

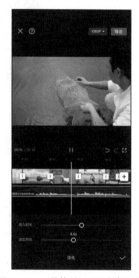

图 5-29　调整音量　　图 5-30　调整淡入和淡出时长　　图 5-31　点击"音频分离"按钮

步骤 04 将时间指针定位到 00:03 的位置，选中分离后的音频片段，修剪其右端至与时间指针对齐，如图 5-32 所示。

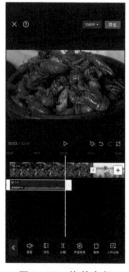

图 5-32　修剪音频

步骤 **05** 点击"音量"按钮![icon]，在弹出的界面中拖动滑块调整音量为20，然后点击![icon]按钮，如图5-33所示。

步骤 **06** 点击"淡化"按钮![icon]，在弹出的界面中拖动滑块调整淡出时长为2.0s，然后点击![icon]按钮，如图5-34所示。

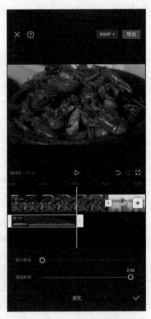

图5-33　调整音量　　　　　　　　　　图5-34　调整淡出时长

↘ 5.3.2　编辑音效

下面将介绍如何为短视频添加音效，以增强短视频的沉浸感和节奏感。具体操作方法如下。

编辑音效

步骤 **01** 将时间指针定位到短视频的开始位置，在一级工具栏中点击"音频"按钮![icon]，然后点击"音效"按钮![icon]，在弹出的界面中搜索"知了"，在搜索结果列表中选择要使用的音效，点击"使用"按钮，如图5-35所示。

步骤 **02** 对音效片段进行修剪，使其右端与"视频35"片段的右端对齐，如图5-36所示。

步骤 **03** 采用同样的方法，在"视频35"片段下方添加"做菜浇热油"音效，如图5-37所示。

步骤 **04** 将时间指针定位到00:07的位置，在一级工具栏中点击"音频"按钮![icon]，然后点击"提取音乐"按钮![icon]，提取"冒泡"视频素材中的音频，如图5-38所示。

步骤 **05** 修剪"冒泡"音频片段，并调整其淡出时长为1.0s，如图5-39所示。

步骤 **06** 采用同样的方法，提取"夜晚知了叫声""好听的鸟叫声""燃烧声"视频素材中的音频，并将它们分别拖至"视频1""视频21""视频36"片段的下方，如图5-40所示。

图 5-35　点击"使用"按钮

图 5-36　修剪音效片段

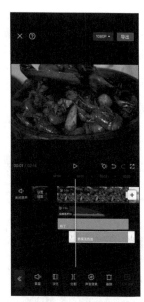

图 5-37　添加音效

图 5-38　提取音频

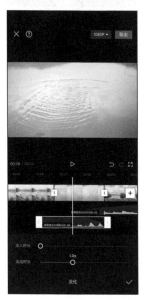

图 5-39　调整淡出时长

图 5-40　提取其他音频

步骤 07 选中"视频 13"片段，点击"音频分离"按钮，然后点击"删除"按钮，将分离出来的音频删除，如图 5-41 所示。

步骤 08 选中"视频 12"片段，点击"音频分离"按钮，选中分离后的音频片段，使其右端与"视频 13"片段的右端对齐，如图 5-42 所示。

步骤 09 采用同样的方法，对"视频 20"片段的音频进行分离和编辑，如图 5-43 所示。

图 5-41　分离音频　　　　图 5-42　编辑音频　　　　图 5-43　编辑其他音频

5.4　视频调色

下面将介绍如何使用"滤镜"和"调节"功能对视频画面进行调色，进一步提升画面效果。具体操作方法如下。

视频调色

步骤 01　将时间指针定位到短视频的开始位置，点击"滤镜"按钮，在弹出的界面中选择"美食"分类下的"西餐"滤镜，拖动滑块调整滤镜强度为 50，然后点击按钮，如图 5-44 所示。

步骤 02　点击"新增滤镜"按钮，在弹出的界面中选择"复古胶片"分类下的"冷气机"滤镜，拖动滑块调整滤镜强度为 13，然后点击按钮，如图 5-45 所示。

步骤 03　选择"视频 35"片段，点击"调节"按钮，进入"调节"界面，根据需要调整各项调节参数，在此调整亮度为 13、对比度为 7、饱和度为 15、高光为 5、阴影为 4、色温为 5，然后点击按钮，如图 5-46 所示。

步骤 04　点击"新增调节"按钮，进入"调节"界面，调整亮度为 5、对比度为 3、饱和度为 5，然后点击按钮，如图 5-47 所示。

步骤 05　调整"调节 5"片段的长度，使其右端与"视频 12"片段的右端对齐，如图 5-48 所示。

步骤 06　将时间指针定位到"视频 1"片段的开始位置，点击"新增滤镜"按钮，在弹出的界面中选择"影视级"分类下的"青橙"滤镜，拖动滑块调整滤镜强度为 10，然后点击按钮，如图 5-49 所示。

图 5-44　选择"西餐"滤镜

图 5-45　选择"冷气机"滤镜

图 5-46　调整调节参数

图 5-47　调整调节参数

图 5-48　调整"调节 5"片段
长度

图 5-49　选择"青橙"滤镜

步骤 07 点击"新增滤镜"按钮，在搜索框中输入"明丽"，选择"明丽"滤镜，拖动滑块调整滤镜强度为 100，然后点击"关闭"按钮，如图 5-50 所示。

步骤 08 选中"明丽"滤镜片段，点击"复制"按钮，调整复制的"明丽"滤镜片段的长度，使其右端与"视频 12"片段的右端对齐，如图 5-51 所示。

步骤 09 采用同样的方法，为其他视频片段进行调色，如图 5-52 所示。

图 5-50　选择"明丽"滤镜　图 5-51　复制滤镜并调整长度　图 5-52　为其他视频片段调色

步骤 ⑩ 将时间指针定位到"视频 14"片段的开始位置，点击"新增滤镜"按钮 ，在弹出的界面中选择"人像"分类下的"亮肤"滤镜，拖动滑块调整滤镜强度为 70，提亮人物肤色，如图 5-53 所示。采用同样的方法，为其他含有人物的视频片段添加"亮肤"滤镜。

步骤 ⑪ 选择"视频 12"片段，点击"调节"按钮，在"调节"界面中调整对比度为10、饱和度为 18、阴影为 −5，提高画面整体的对比度和饱和度，如图 5-54 所示。

 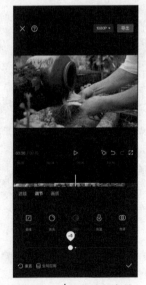

图 5-53　选择"亮肤"滤镜　　　　　图 5-54　调整调节参数

步骤 ⑫ 点击"HSL"按钮 HSL，弹出"HSL"界面，点击"红色"按钮，将"饱和度"参数调整为 49，增加画面中红色的饱和度，如图 5-55 所示。

步骤 13 点击"绿色"按钮⊘，将"饱和度"参数调整为 −10，减少画面中绿色的饱和度，如图 5-56 所示。

图 5-55 增加红色饱和度

图 5-56 减少绿色饱和度

步骤 14 点击"曲线"按钮⌐，打开"曲线"界面，分别在曲线的阴影区域和高光区域添加两个控制点，将阴影区域的控制点向下拉，将高光区域的控制点向上提，以增加画面的对比度，然后点击⊘按钮，如图 5-57 所示。

步骤 15 采用同样的方法，对其他画面偏亮或偏暗的视频片段进行单独调色，如图 5-58 所示。

图 5-57 调整曲线

图 5-58 对其他片段单独调色

5.5 添加视频效果

下面为短视频添加所需的视频效果，如转场效果、画面特效、动画效果等。具体操作方法如下。

添加视频效果

步骤 01 点击"视频 2"和"视频 3"片段之间的转场按钮，在弹出的界面中选择"叠化"分类下的"叠化"转场，拖动滑块调整转场时长为 0.5s，然后点击 按钮，如图 5-59 所示。

步骤 02 点击"视频 3"和"视频 4"片段之间的转场按钮，在弹出的界面中选择"叠化"分类下的"闪黑"转场，拖动滑块调整转场时长为 1.0s，然后点击 按钮，如图 5-60 所示。

步骤 03 采用同样的方法，在其他需要添加转场效果的视频片段之间添加"叠化"或"闪黑"转场，如图 5-61 所示。

 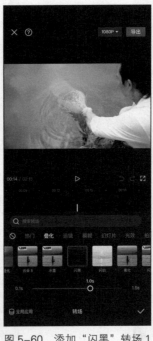 

图 5-59 添加"叠化"转场　　图 5-60 添加"闪黑"转场 1　　图 5-61 添加"闪黑"转场 2

步骤 04 将时间指针定位到短视频的开始位置，在一级工具栏中点击"特效"按钮，在弹出的界面中点击"画面特效"按钮，如图 5-62 所示。

步骤 05 在弹出的界面中选择"光"分类下的"胶片漏光Ⅱ"特效，点击"调整参数"按钮，在弹出的界面中调整不透明度为 50，然后点击 按钮，如图 5-63 所示。

步骤 06 调整"胶片漏光Ⅱ"特效片段的长度，使其右端与"视频 35"片段的右端对齐，如图 5-64 所示。

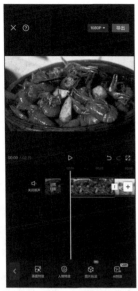
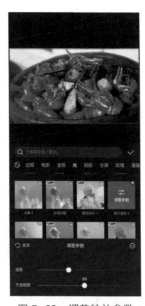

图 5-62 点击"画面特效"按钮　　图 5-63 调整特效参数　　图 5-64 调整特效长度

步骤 07 选中"视频 21"片段，添加"氛围"分类下的"星火"特效，点击"调整参数"按钮，在弹出的界面中调整不透明度为 50，如图 5-65 所示。

步骤 08 将时间指针定位到短视频的结束位置，选中"视频 43"片段，点击"动画"按钮，如图 5-66 所示。

步骤 09 在弹出的界面中点击"出场动画"按钮，选择"渐隐"动画，拖动滑块将动画时长调整为 2.0s，然后点击▼按钮，如图 5-67 所示。

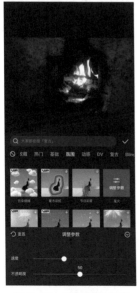

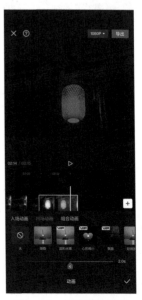

图 5-65 调整特效参数　　图 5-66 点击"动画"按钮　　图 5-67 调整动画时长

101

5.6 添加字幕

下面将介绍如何为短视频添加字幕，具体操作方法如下。

添加字幕

步骤 01 将时间指针定位到短视频的开始位置，在一级工具栏中点击"文本"按钮▣，点击"新建文本"按钮▣，在弹出的界面中输入"香"，点击"字体"按钮，然后点击"书法"标签，选择"毛笔行楷"字体，如图 5-68 所示。

步骤 02 点击"样式"按钮，然后点击"文本"标签，调整字号为 15，如图 5-69 所示。

步骤 03 点击"阴影"标签，选择黑色阴影，拖动滑块调整透明度为 50%，如图 5-70 所示。

图 5-68 选择字体

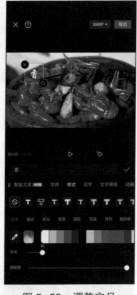

图 5-69 调整字号

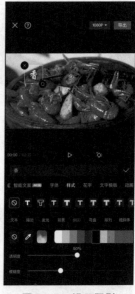

图 5-70 设置阴影

步骤 04 点击"动画"按钮，然后点击"入场"标签，选择"渐显"动画，调整动画时长为 1.0s，如图 5-71 所示。

步骤 05 选中"香"文本片段，点击"复制"按钮▣，复制出 4 个文本片段，然后根据需要修改文本内容和字号，效果如图 5-72 所示。

步骤 06 选中"视频 23"片段，添加"炸香后捞出"文本，点击"样式"按钮，然后点击"文本"标签，调整字号为 8，如图 5-73 所示。

步骤 07 点击"排列"标签，然后点击"垂直居中对齐"按钮▥，在预览区将文本拖至合适的位置，效果如图 5-74 所示。

步骤 08 点击"动画"按钮，然后选择"入场"标签下的"渐显"动画和"出场"标签下的"渐隐"动画，分别调整动画时长为 0.5s，如图 5-75 所示。

步骤 09 采用同样的方法，根据需要添加其他字幕，如图 5-76 所示。至此，该短视频制作完成，点击"导出"按钮即可导出视频。

图 5-71　选择"渐显"动画

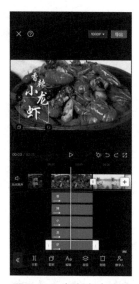

图 5-72　复制文本片段

图 5-73　调整字号

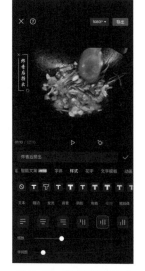

图 5-74　设置排列方式

图 5-75　添加动画效果

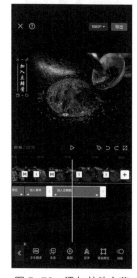

图 5-76　添加其他字幕

课后练习

　　打开"素材文件\第5章\课后练习"文件夹，使用提供的视频素材制作一条美食类宣传短视频。

　　关键操作：粗剪视频素材、调整画面构图、音乐卡点剪辑、添加转场效果、添加音效、视频调色、编辑字幕。

第6章 制作公益宣传类短视频

知识目标

- 了解公益宣传类短视频的剪辑思路和撰写脚本的方法。
- 掌握剪辑公益宣传类短视频的方法。
- 掌握编辑公益宣传类短视频音频和音效的方法。
- 掌握为公益宣传类短视频添加转场和字幕的方法。
- 掌握公益宣传类短视频调色的方法。
- 掌握制作公益宣传类短视频片头和片尾的方法。

能力目标

- 能够熟练地剪辑公益宣传类短视频。
- 能够为公益宣传类短视频添加音频和音效。
- 能够为公益宣传类短视频添加转场和字幕。
- 能够根据需要对公益宣传类短视频进行调色。
- 能够制作公益宣传类短视频的片头和片尾。

素养目标

- 积极参与公益事业，提升社会责任感。
- 弘扬家国情怀，培育和践行社会主义核心价值观。

　　公益宣传类短视频以其独特的魅力和影响力，在推动社会公益事业、弘扬正能量等方面发挥着不可忽视的重要作用。本章将以剪辑"珍惜粮食"公益宣传类短视频为例，详细介绍此类短视频的剪辑思路和制作方法，让读者快速掌握公益宣传类短视频的创作方法与制作技巧。

6.1　公益宣传类短视频的剪辑思路

公益宣传类短视频是为传播正能量而设计的宣传片，其主要目的是为公众谋利益，提升公众的生活品质和福利待遇，构建更加和谐、美好的社会。公益宣传类短视频的主要特征如图 6-1 所示。

图 6-1　公益宣传类短视频的主要特征

在后期制作阶段，公益宣传类短视频的剪辑思路如下。

（1）明确宣传目的和受众

公益宣传类短视频是为了传递某种公益理念或信息，引导观众采取行动。因此，在剪辑过程中要始终牢记宣传的主题和目的，确保宣传内容与宣传目的一致。

（2）收集和整理素材

在剪辑公益宣传类短视频之前，需要收集和整理大量的素材，包括视频、音频、图片等。这些素材可以是自己拍摄的，也可以来自其他渠道。整理素材时，要按照主题和目的进行分类，以便后续剪辑和编辑。

（3）撰写短视频脚本

在开始剪辑公益宣传类短视频之前，需要撰写短视频脚本。这一过程不仅涉及旁白的编写、每组镜头的分配、音效和音乐的配合等，还要考虑镜头的过渡和画面节奏的控制，使宣传片更具观赏性。

（4）剪辑素材

根据短视频脚本对素材进行剪辑，在剪辑过程中，要注意视频画面的连贯性与节奏感，同时还要注意音效和音乐的配合。可以使用一些特效来突出重点内容，但不要过度使用特效，以免影响观众对短视频的观感。

（5）调整和优化细节

在初步剪辑完成后，需要对公益宣传类短视频进行反复的调整和优化，包括添加转场和动画效果、视频调色处理、字幕的设计、制作片头和片尾等。不断调整与优化，可以使公益宣传类短视频更加完美地呈现在观众面前。

6.2 剪辑公益宣传类短视频

下面对"珍惜粮食"公益宣传类短视频进行剪辑，包括撰写短视频脚本、剪辑视频素材、添加音频、调整视频素材等。

效果——珍惜粮食公益宣传片

↘ 6.2.1 撰写"珍惜粮食"短视频脚本

本案例以"珍惜粮食"为主题，展现农民的辛勤付出和粮食的珍贵，呼吁人们关注粮食问题，树立节约粮食的意识。为了更好地呈现这一主题，经过整理素材，筛选出了 51 个视频素材，主要分为以下 5 部分。

（1）开头部分

该部分素材主要包括从粮食的种植到收获，再到成为餐桌上的美食的过程，图 6-2 所示为部分镜头。通过这样的视角，让观众感受到粮食从种子到食物的转变过程。这些镜头不仅让人感受到大自然的美丽和神奇，更能唤起人们对粮食的敬畏之心。

图 6-2　展示粮食从种子到食物的转变过程

（2）粮食的珍贵

该部分素材主要包括四季的延时美景、农民在烈日下耕作的画面，图 6-3 所示为部分镜头。这些镜头不仅展现了粮食在各种气候条件下的生长情况，也强调了人类与土地之间的紧密联系和相互依存的关系。

（3）人类与自然和谐共生

该部分素材主要包括空中的大雁，草原上奔跑的马群和羊群，使用机器浇水、施肥、收割的画面，图 6-4 所示为部分镜头。这些镜头展现了人类通过劳动和智慧从自然中获取食物和资源，同时也与自然环境相互影响和适应。

图 6-3　展示四季美景和农民耕作的部分镜头

图 6-4　展示人类与自然和谐共生的部分镜头

（4）平凡的一日三餐

该部分素材主要包括各种美食和一家人共享美食的画面，图 6-5 所示为部分镜头。这些镜头能让观众感受到食物所承载的情感与记忆，传递出一种回归自然、珍惜当下、尊重平凡生活的思想。

图 6-5　展示各种美食和家人聚餐的部分镜头

（5）结尾部分

该部分素材主要包括农民在不同农业生产场景中的画面，展现了他们辛勤耕耘、收获满满的幸福时刻，图 6-6 所示为部分镜头。这些镜头能让人们意识到每一粒粮食都来之不易，是农民们辛勤劳动的成果，同时也提醒人们要珍惜粮食，不要浪费。

图 6-6　农民在不同农业生产场景中的画面

　　本案例的剪辑思路为：以旁白为主线进行剪辑，将声音与画面紧密结合，穿插一些具有冲击力的画面，如大自然的美丽景色和丰收的壮观场景，以增强画面的表现力和感染力。

　　表 6-1 为创作者为"珍惜粮食"短视频撰写的脚本。

表6-1　"珍惜粮食"短视频脚本

序号	景别	分镜画面	旁白
1	特写	播种； 种子发芽； 麦芽从土里钻出	你好，我是一粒麦子
2	近景 中景	农民手拿麦穗； 收割麦子	从粮种到粮食，经过时间的调教和淬炼
3	特写	撒落的麦子； 撒落的面粉； 厨师和面； 烤面包	涅槃重生
4	大远景 远景 特写	一年四季的美景； 冰雪融化和花开的延时画面	春夏秋冬，风雨霜雪
5	特写 中近景	手握泥土； 农民锄地和擦汗	人类向土地获取食物
6	远景	空中的飞鸟； 草原上奔跑的马群和羊群	生存、繁衍、进化
7	远景 全景	麦田里使用机器浇水、施肥、收割	洪荒岁月的炉火明灭，时代巨变的波澜不惊
8	特写 中景	各种美食； 一家人聚餐	最终都不着痕迹地化作平凡的一日三餐

续表

序号	景别	分镜画面	旁白
9	全景 远景	小女孩在麦田里奔跑； 收割机收割麦子	你们说，最容易人传人的是善念
10	中近景 中景	农民手拿蔬菜、水果、粮食	凝视手中的饭碗，心怀感恩，善待粮食
11	特写 近景	金黄的麦田在微风中摇曳； 农民拍打麦子和手捧起麦子	在这关联着亿万人类的福祉中
12	近景	农民手拿麦子； 农民低头闻麦子	愿每一个食物都有来处和归途

↘ 6.2.2　剪辑视频素材

　　下面在剪映中导入拍摄的多段视频素材，并按照脚本对其进行修剪。具体操作方法如下。

剪辑视频素材

步骤 01 打开剪映，在工作界面中点击"开始创作"按钮⊞，选中"视频 1"至"视频 12"视频素材，点击"添加"按钮，如图 6-7 所示，依次导入视频编辑界面中。

步骤 02 在一级工具栏中点击"比例"按钮▣，在弹出的界面中选择"16：9"，然后点击✓按钮，如图 6-8 所示。

步骤 03 根据需要修剪视频素材，只保留想要的视频片段，如图 6-9 所示。

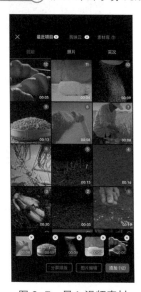

图 6-7　导入视频素材

图 6-8　选择比例

图 6-9　修剪视频素材

↘ 6.2.3　添加音频

　　下面将介绍如何为公益宣传类短视频添加音频，具体操作方法如下。

步骤 **01** 在主轨道最左侧点击"关闭原声"按钮 🔇，在一级工具栏中点击"音频"按钮 🎵，接着点击"音乐"按钮 🎵，在"音乐"界面上方的搜索框中输入"萌芽"，搜索音乐，在搜索结果列表中选择要使用的音乐，然后点击"使用"按钮，如图 6-10 所示。

添加音频

步骤 **02** 选中"萌芽"音频，在工具栏中点击"节拍"按钮 🎵，在弹出的界面中打开"自动踩点"开关 ⬤，拖动滑块调整踩点节奏，然后点击 ✓ 按钮，如图 6-11 所示。

步骤 **03** 点击"提取音乐"按钮 🎵，在相册中选择包含旁白的视频文件，然后点击"仅导入视频的声音"按钮，如图 6-12 所示。

图 6-10 点击"使用"按钮　　图 6-11 设置自动踩点　　图 6-12 点击"仅导入视频的声音"按钮

6.2.4 调整视频素材

下面将介绍如何根据公益宣传类短视频旁白中的人声和背景音乐的节拍点对视频片段进行修剪。具体操作方法如下。

调整视频素材

步骤 **01** 修剪"旁白"音频片段中的人声到第 4 个节拍点的位置，然后修剪"视频 1"片段的右端到第 8 个节拍点的位置，如图 6-13 所示。

步骤 **02** 选中"视频 2"片段，点击"变速"按钮 ⏱，在弹出的界面中点击"常规变速"按钮 ⬚，在弹出的"变速"界面中向右拖动滑块调整播放速度为 5.0x，然后点击 ✓ 按钮，如图 6-14 所示。

步骤 **03** 根据需要继续对其他视频素材进行常规变速调整，调速完成后点击 ✓ 按钮，如图 6-15 所示。

步骤 **04** 选中"视频 1"片段，在工具栏中点击"基础属性"按钮 ⬚，在弹出的界面中点击"缩放"按钮，拖动标尺调整缩放参数为 125%，在预览区中拖动画面至合适的位置，如图 6-16 所示。

步骤 05 根据需要将其他视频素材修剪到音乐节拍点位置，如图 6-17 所示。

步骤 06 将时间指针定位到要添加新素材的位置，点击主轨道右侧的"添加素材"按钮 +，依次选中要导入的其他视频素材，然后点击"添加"按钮，如图 6-18 所示。

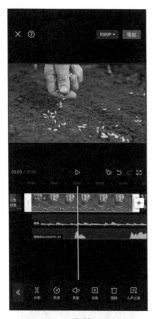

图 6-13　修剪视频片段

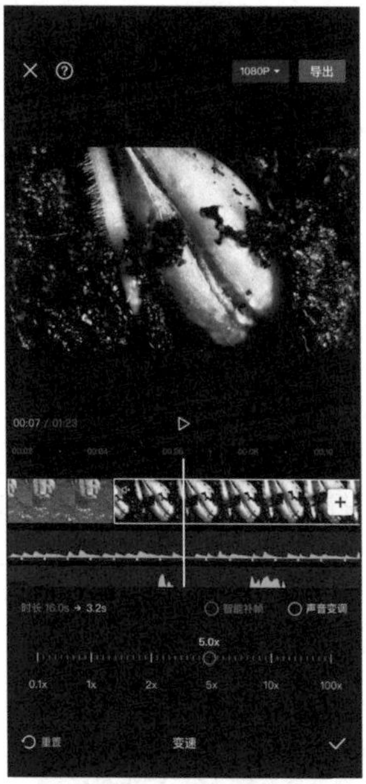

图 6-14　调整播放速度

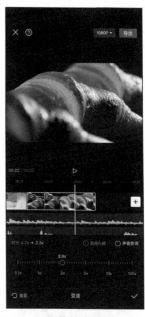

图 6-15　调整其他片段播放速度

图 6-16　调整缩放参数

图 6-17　修剪视频片段

图 6-18　添加新素材

步骤 07 将时间指针定位到"视频 13"片段的开始位置，在一级工具栏中点击"音频"按钮♪，然后点击"提取音乐"按钮，提取"背景音乐"视频素材中的音频，如图 6-19 所示。

步骤 08 选中背景音乐，点击"节拍"按钮，在弹出的界面中打开"自动踩点"开关，拖动滑块调整踩点节奏，然后点击✓按钮，如图 6-20 所示。

步骤 09 采用同样的方法，根据旁白音频中的人声和背景音乐的节拍点对其他视频片段进行修剪，如图 6-21 所示。

图 6-19 提取音频

图 6-20 设置自动踩点

图 6-21 修剪视频素材

6.3 编辑音频和音效

下面将分别介绍为公益宣传类短视频编辑音频和添加音效的方法。

6.3.1 编辑音频

在编辑音频时，需要注意调整音频的节奏和长度，使其与视频内容完美匹配。下面将介绍如何编辑音频，具体操作方法如下。

编辑音频

步骤 01 将时间指针定位到 00:19 的位置，选中"萌芽"音频，点击"分割"按钮分割音频，然后点击"删除"按钮，将不需要的部分删除，如图 6-22 所示。

步骤 02 点击"音量"按钮，在弹出的界面中拖动滑块调整音量为 70，然后点击✓按钮，如图 6-23 所示。

步骤 03 点击"淡化"按钮，在弹出的界面中拖动滑块调整淡入时长为 4.5s、淡出时长为 10.0s，然后点击✓按钮，如图 6-24 所示。

步骤 04 选中背景音乐，用同样的方法调整其淡入时长为 10.0s、淡出时长为 2.0s，然后点击✓按钮，如图 6-25 所示。

步骤 05 选中旁白音频，点击"音量"按钮 🔊，在弹出的界面中拖动滑块调整音量为 130，然后点击✓按钮，如图 6-26 所示。

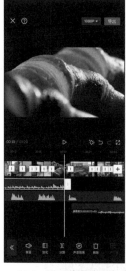

图 6-22　修剪音频

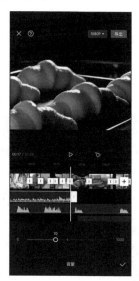

图 6-23　调整音量

图 6-24　调整淡入和淡出时长

图 6-25　调整淡入和淡出时长

图 6-26　调整音量

6.3.2　添加音效

下面将介绍如何在公益宣传类短视频中添加与视频画面对应的音效，使视频画面更具表现力和感染力。具体操作方法如下。

步骤 **01** 将时间指针定位到 00:01 的位置，在一级工具栏中点击"音频"按钮 🎵，然后点击"音效"按钮 🎵，在弹出的界面中搜索"压碎落叶音效"，在搜索结果列表中选择要使用的音效，点击"使用"按钮，如图 6-27 所示。

步骤 **02** 调整音效的音量为 20、淡入时长为 1.0s，如图 6-28 所示。

步骤 **03** 选中该音效，点击"复制"按钮 📋，将复制的音效拖至"视频 1"片段的结束位置，调整其淡入时长为 0.0s、淡出时长为 1.0s，如图 6-29 所示。

步骤 **04** 采用同样的方法，在"视频 2"片段下方添加"球茎鼻生长"音效，在"视频 4"片段下方添加"撕扯-拨动树枝"音效，如图 6-30 所示。

图 6-27 点击"使用"按钮

图 6-28 调整音量和淡入时长

图 6-29 调整淡入和淡出时长

图 6-30 添加音效

添加音效

步骤 ⑤ 在"视频 6"片段下方添加"森林、白天的鸟、微风轻轻吹过树木"和"风的氛围"音效，根据需要调整音效的淡入时长和淡出时长，如图 6-31 所示。

步骤 ⑥ 采用相同的方法，为其他视频片段添加合适的音效，如图 6-32 所示。

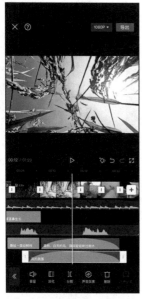

图 6-31　调整淡入和淡出时长

图 6-32　为其他视频片段添加音效

6.4　添加转场和动画效果

为公益宣传类短视频添加合适的转场和动画效果，不仅可以使视频画面变得更加流畅、生动，还能提升观众的视觉体验。具体操作方法如下。

添加转场和动画

步骤 ① 点击"视频 12"和"视频 13"片段之间的转场按钮 □，在弹出的界面中选择"叠化"分类下的"闪黑"转场，拖动滑块调整转场时长为 1.0s，然后点击 ✓ 按钮，如图 6-33 所示。

步骤 ② 点击"视频 25"和"视频 26"片段之间的转场按钮 □，在弹出的界面中选择"运镜"分类下的"拉远"转场，拖动滑块调整转场时长为 0.5s，然后点击 ✓ 按钮，如图 6-34 所示。

步骤 ③ 继续播放视频，预览短视频的其他部分，观察镜头切换是否有比较生硬的地方，若有则为其添加"叠化"或"闪黑"转场，如图 6-35 所示。

步骤 ④ 将时间指针定位到短视频的开始位置，选中"视频 1"片段，然后点击"动画"按钮 □，如图 6-36 所示。

步骤 ⑤ 在弹出的界面中点击"入场动画"按钮，选择"渐显"动画，拖动滑块将动画时长调整为 2.0s，然后点击 ✓ 按钮，如图 6-37 所示。

图 6-33 添加"闪黑"转场　　图 6-34 添加"拉远"转场　　图 6-35 添加"叠化"转场

图 6-36 点击"动画"按钮　　　　图 6-37 选择"渐显"动画

6.5 视频调色

　　下面将介绍如何使用"滤镜"和"调节"功能对公益宣传类短视频进行调色，以增强视频画面的色彩层次感和视觉冲击力。具体操作方法如下。

步骤 01 选择"视频 1"片段，点击"滤镜"按钮🎨，在弹出的界面中选择"影视级"分类下的"赤陀"滤镜，拖动滑块调整滤镜强度为 100，然后点击✅按钮，如图 6-38 所示。

步骤 02 将时间指针定位到"视频 13"片段的开始位置，点击"滤镜"按钮🎨，在弹出的界面中选择"风景"分类下的"绿妍"滤镜，拖动滑块调整滤镜强度为 50，然后点击✅按钮，如图 6-39 所示。

视频调色

步骤 03 调整"绿妍"滤镜片段的长度，使其右端与"视频 19"片段的右端对齐，如图 6-40 所示。

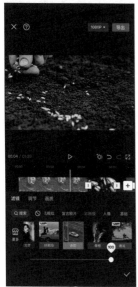

图 6-38　选择"赤陀"滤镜

图 6-39　选择"绿妍"滤镜

图 6-40　调整滤镜片段长度

步骤 04 将时间指针定位到"视频 31"片段的开始位置，点击"新增滤镜"按钮🎨，在弹出的界面中选择"美食"分类下的"西餐"滤镜，拖动滑块调整滤镜强度为 100，然后点击✅按钮，如图 6-41 所示。

步骤 05 采用同样的方法，为"视频 4"和"视频 20"片段添加"赤陀"滤镜，为"视频 38"片段添加"人像"分类下的"亮肤"滤镜，然后点击✅按钮，如图 6-42 所示。

步骤 06 根据需要调整滤镜片段的长度，将其应用于指定区域，如图 6-43 所示。

步骤 07 选择"视频 19"片段，点击"调节"按钮✂，进入"调节"界面，根据需要调整各项调节参数，在此调整亮度为 10、对比度为 15、饱和度为 5，然后点击✅按钮，如图 6-44 所示。

步骤 08 选择"视频 48"片段，点击"调节"按钮✂，进入"调节"界面，调整亮度为 8、对比度为 14、饱和度为 5、阴影为 -10，然后点击✅按钮，如图 6-45 所示。

步骤 09 采用同样的方法，对其他视频片段进行单独调色，如图 6-46 所示。

图 6-41　选择"西餐"滤镜　　图 6-42　选择"亮肤"滤镜　　图 6-43　调整滤镜片段长度

图 6-44　调整"视频 40"片段　图 6-45　调整"视频 48"片段　图 6-46　调整其他视频片段的
　　　　　的调节参数　　　　　　　　的调节参数　　　　　　　　调节参数

6.6　添加字幕

公益宣传类短视频中的字幕要与画面内容相协调，避免出现字幕过于突兀或与画面内容不协调的情况。下面将介绍如何在公益宣传类短视频中添加字幕，具体操作方法如下。

步骤 **01** 在一级工具栏中点击"文本"按钮，然后点击"识别字幕"按钮，在弹出的界面中点击"开始匹配"按钮，开始自动识别旁白中的字幕，如图 6-47 所示。

步骤 **02** 选中文本，点击"编辑"按钮，在弹出的文本编辑界面中点击"样式"按钮，然后点击"取消文本样式"按钮，如图 6-48 所示。

添加字幕

步骤 **03** 点击"阴影"标签，选择黑色阴影，拖动滑块调整透明度为50%、模糊度为30%、距离为8、角度为 -45°，然后点击✓按钮，如图 6-49 所示。点击"导出"按钮，即可导出视频。

图 6-47　点击"开始匹配"按钮　　图 6-48　取消文本样式　　图 6-49　调整阴影效果

6.7　制作片头和片尾

公益宣传类短视频片头和片尾要紧扣主题，简洁明了，具有视觉冲击力和情绪感染力。通过巧妙的设计，可以更好地吸引观众的注意力，提升宣传片的传播效果和影响力。

6.7.1　制作片头

在制作片头时，需要突出"珍惜粮食"的主题，可以通过简短的文字、图像或动画来传达这一信息。具体操作方法如下。

制作片头

步骤 **01** 在剪映工作界面中点击"开始创作"按钮，将"封面"图片素材导入视频编辑界面中，如图 6-50 所示。

步骤 **02** 在一级工具栏中点击"文本"按钮，在弹出的界面中点击"文字模板"按钮，然后点击"手写字"标签，选择所需的文字模板，如图 6-51 所示。

步骤 **03** 编辑片头文本，然后在预览区中调整文本的位置和大小，效果如图 6-52 所示。

图 6-50 导入图片素材

图 6-51 选择文字模板

图 6-52 调整文本位置和大小

步骤 04 导入公益宣传类短视频，点击片头与"视频 1"片段之间的转场按钮▯，在弹出的界面中选择"幻灯片"分类下的"翻页"转场，然后点击✓按钮，如图 6-53 所示。

步骤 05 在片头下方添加"华丽转身"音效，调整其音量为 80、淡入时长和淡出时长为 0.5s，如图 6-54 所示。

步骤 06 在"翻页"转场下方添加"书本翻页声"音效，调整其音量为 90，如图 6-55 所示。

图 6-53 选择"翻页"转场

图 6-54 调整淡入和淡出时长

图 6-55 调整音量

↘ 6.7.2　制作片尾

在制作公益宣传类短视频的片尾时，可以向观众发出倡议，鼓励他们采取实际行动来珍惜粮食、反对浪费。具体操作方法如下。

制作片尾

步骤 01 将时间指针定位到视频的结束位置，点击"音频分离"按钮 ，如图 6-56 所示。

步骤 02 对视频进行修剪，删除不需要的部分，然后导入素材库中的"白场"素材，如图 6-57 所示。

步骤 03 在一级工具栏中点击"文本"按钮，点击"新建文本"按钮，在弹出的界面中输入"2024"，点击"字体"按钮，然后点击"基础"标签，选择"后现代体"字体，如图 6-58 所示。

图 6-56　点击"音频分离"按钮　　图 6-57　导入素材　　图 6-58　选择字体

步骤 04 点击"样式"按钮，然后点击"文本"标签，选择所需的颜色，拖动滑块调整透明度为 10%，在预览区中调整文本的位置和大小，如图 6-59 所示。

步骤 05 点击"排列"标签，拖动滑块调整字间距为 3，如图 6-60 所示。

步骤 06 点击"动画"按钮，然后点击"入场"标签，选择"渐显"动画，调整动画时长为 2.0s；点击"出场"标签，选择"渐隐"动画，调整动画时长为 1.0s，如图 6-61 所示。

步骤 07 采用同样的方法继续添加其他文本，并根据需要调整文本的字体、字号、颜色、字间距和动画等，如图 6-62 所示。

步骤 08 导入"光效"视频素材，点击"切画中画"按钮，在预览区中将其拖至合适的位置，效果如图 6-63 所示。

步骤 09 点击"混合模式"按钮，在弹出的界面中选择"滤色"模式，然后点击 按钮，如图 6-64 所示。

图 6-59　调整文本样式

图 6-60　调整字间距

图 6-61　添加动画效果

图 6-62　添加其他文本

图 6-63　调整素材位置

图 6-64　选择"滤色"模式

步骤 ⑩　点击视频片段之间的转场按钮⬚，在弹出的界面中选择"叠化"分类下的"闪黑"转场，拖动滑块调整转场时长为 1.8s，然后点击✅按钮，如图 6-65 所示。

步骤 ⑪　选中"白场"视频片段，点击"动画"按钮⬚，在弹出的界面中点击"出场动画"按钮，选择"渐隐"动画，拖动滑块将动画时长调整为 1.0s，然后点击✅按钮，如图 6-66 所示。

步 骤 ⑫ 公益宣传类短视频制作完成，播放视频进行预览，然后点击"导出"按钮导出视频，如图 6-67 所示。

图 6-65　选择"闪黑"转场　　　图 6-66　选择"渐隐"动画　　　图 6-67　点击"导出"按钮

课后练习

　　打开"素材文件 \ 第 6 章 \ 课后练习"文件夹，使用提供的视频素材制作一条劳动节公益宣传类短视频。

　　关键操作：根据旁白剪辑视频素材、添加转场效果、利用识别字幕功能添加字幕、制作片头和片尾。

第 7 章　制作产品推荐类短视频

知识目标

- 了解产品推荐类短视频的剪辑思路和撰写脚本的方法。
- 掌握剪辑产品推荐类短视频的方法。
- 掌握编辑产品推荐类短视频音频的方法。
- 掌握为产品推荐类短视频调色和制作视频效果的方法。
- 掌握为产品推荐类短视频添加字幕的方法。

能力目标

- 能够熟练地剪辑产品推荐类短视频。
- 能够为产品推荐类短视频添加旁白、背景音乐和音效。
- 能够对产品推荐类短视频进行调色，制作视频效果。
- 能够为产品推荐类短视频添加各种字幕。

素养目标

- 热爱科学，崇尚创新，通过短视频促进科技强国建设。
- 增强责任感和使命感，站在时代的高度进行短视频创作。

　　产品推荐类短视频是在互联网营销中比较常见的一种短视频类型，通过短视频的方式向观众介绍产品的特点、功能、优势和使用场景，以激发观众的购买欲望和兴趣。本章以制作"扫地机器人"产品推荐类短视频为例，介绍制作此类短视频的方法。

7.1　产品推荐类短视频剪辑思路

产品推荐类短视频是一种通过展示产品特点、功能和优势，吸引观众注意力并激发其购买欲望的短视频。产品推荐类短视频通常包括产品外观展示、功能演示、用户体验、产品对比等多个方面，能够让观众更加全面地了解产品的特点和优势。这类短视频通常用于电商平台、广告宣传等领域，是宣传推广产品的重要手段之一。

在制作产品推荐类短视频时，创作者先要与客户进行需求对接，了解广告推广的目的和诉求、目标受众群体、核心内容，以及广告播出平台等要求，以确定短视频的风格和类型。不同的产品具有不同的特性，例如，男性产品要突出其硬朗感，美妆类产品要突出其时尚感，数码类产品要展现其科技感等。

产品推荐类短视频一般要求以"秒"来计算时长，所以从视频片头开始就要吸引观众。创作者可以利用表情、动作，对白、音乐、字幕、剧情，或者服装和场景等元素设计多种形式进行表现。在前期策划阶段，导演要与创作团队进行有效的沟通，快速策划视频脚本，然后基于脚本选择合适的演员、场景进行拍摄。

在后期制作阶段，产品推荐类短视频的剪辑思路如下。

（1）了解产品

在开始剪辑产品推荐类短视频之前，创作者要对产品有深入的了解，了解产品的特点、功能、使用场景等信息，以便在剪辑时能够准确地传达产品价值。

（2）挑选素材与匹配脚本

对拍摄的有效素材进行挑选和分类，然后将脚本内容与素材进行匹配剪辑，粗剪加工。

（3）选择背景音乐和音效

选择合适的背景音乐和一些有趣的音效来展示剧情与突出主题，增强视频的吸引力。例如，可以使用动画效果配合音效来强调某些关键点，或者使用音效来增强某个场景的氛围等。

（4）精简视频

尽量精简视频，只保留最为关键、最能展示产品特点的部分。如果视频太长，观众可能会失去兴趣。

（5）添加转场效果

剪辑产品推荐类短视频时要注意节奏，确保视频流畅、连贯。在恰当的地方运用转场效果，可以让视频看起来更加生动、自然。

（6）添加字幕

在产品推荐类短视频中配以简明扼要的文字说明，可以更好地传达信息，让信息展示得更加完整，同时也能增强短视频的趣味性。文字说明要简洁易懂，避免使用过于复杂的词汇或语句。

（7）引导观众互动

引导观众在观看视频的同时进行互动。例如，通过提问、发起投票等方式可以提升观众的参与度，并让他们更深入地了解产品。

（8）视频调色

在完成视频剪辑后，还要对视频进行调色，调整画面色彩、色调、亮度、对比度等
使视频画面更加生动，符合特定的风格和主题。

7.2 剪辑产品推荐类短视频

本案例为一款扫地机器人产品推荐类短视频，该短视频将产品功
能与家居生活场景相融合，营造身临其境的环境效果，让观众切实感
受扫地机器人给家居生活带来的便利。

效果——产品
推荐类短视频

↘ 7.2.1 撰写"扫地机器人"短视频脚本

本案例的视频素材是根据产品文案拍摄的相关镜头，以下是产品
文案。

在纷繁的岁月中，时间愈发显得珍贵无比。与此同时，科沃斯扫地机器人默默奋力，
以保持家居环境的洁净，为我带来便利和舒适。规划清扫路径，覆盖每一角落。亲手研
磨咖啡豆，制作出一杯醇厚的咖啡，温柔的音乐，散发出一抹温馨的意境。

只需掌控手机应用，无论是家具的底部，还是狭隘拐角，它皆打扫干净。而其以强
大的吸力，将灰尘和宠物毛发等细微污垢彻底清理。花草的细微之处，皆需细心呵护。
它配备智能感应和避障技术，使其轻松避开家具、墙壁等障碍。智能的语音操控，轻声
一呼，家中秩序即刻恢复。科沃斯扫地机器人，化身为我生活的一抹艺术。

经过对拍摄的视频素材进行挑选和整理，可以将视频素材分为3部分。

（1）展示产品功能部分

该部分素材包括扫地机器人离开基站、规划清扫路径、清扫沙发底部/狭隘拐角/椅
子底部、旋转、智能避障、返回基站等镜头。图7-1所示为部分镜头。

图7-1 展示产品功能的部分镜头

（2）人物家居生活部分

该部分素材包括人物从沙发椅上起身、翻页的时钟、人物打开唱片机、人物制作咖啡、
人物插花等镜头。图7-2所示为部分镜头。

图 7-2　展示人物家居生活部分镜头

（3）人物操控扫地机器人部分

该部分素材包括人物边喝咖啡边操作扫地机器人 App、人物语音控制扫地机器人，以及扫地机器人响应等镜头。图 7-3 所示为部分镜头。

图 7-3　展示人物操控扫地机器人部分镜头

本案例的剪辑思路为：根据旁白来进行剪辑，以展现扫地机器人的功能为主，并融合人物家居生活，营造温馨的家庭氛围。表 7-1 为创作者为"扫地机器人"短视频撰写的脚本。

表7-1　"扫地机器人"短视频脚本

序号	景别	角度	画面	字幕
1	全景	平拍	人物靠在沙发椅上	在纷繁的岁月中
2	近景	平拍	人物起身	
3	特写	平拍	翻页时钟快速翻页	时间愈发显得珍贵无比
4	全景	平拍	显示翻页时钟当前的时间	
5	中景	平拍	人物起身后行走出镜	
6	全景	平拍	扫地机器人离开基站	与此同时，科沃斯扫地机器人默默奋力
7	特写	俯拍		
8	特写	平拍		

127

序号	景别	角度	画面	字幕
9	近景	平拍	人脚走过，扫地机器人跟随	以保持家居环境的洁净，为我带来便利和舒适
10	中景	平拍	人物走向吧台的唱片机，将唱针放到唱片上	
11	特写	俯拍	人手将唱针放到唱片上	
12	全景	俯拍	扫地机器人在房间过道上行走	规划清扫路径，覆盖每一角落
13	近景	俯拍	扫地机器人沿着墙柜边缘行走	
14	近景	俯拍		
15	特写	俯拍	向咖啡机里倒咖啡豆	
16	特写	平拍	调节研磨粗细	
17	特写	仰拍	安装咖啡粉碗	
18	中景	平拍	人物在吧台边使用压粉器按压咖啡粉	亲手研磨咖啡豆，制作出一杯醇厚的咖啡
19	特写	平拍		
20	特写	顶拍		
21	特写	平拍	人手转动唱片机上的旋钮	温柔的音乐
22	特写	俯拍	转动的唱片	
23	特写	平拍	萃取的咖啡流入杯中	散发出一抹温馨的意境
24	中景	平拍	吧台边，人物拿起咖啡杯准备喝咖啡	
25	中景	低角度仰拍	吧台边，扫地机器人在人物前方行走	
26	近景	平拍	人物边看手机边喝咖啡	
27	特写	俯拍	人手操作扫地机器人App	只需掌控手机应用
28	近景	俯拍		
29	全景	俯拍	扫地机器人清扫沙发底部	无论是家具的底部
30	近景	平拍		
31	全景	平拍	在房间里桌子下方，扫地机器人在拐角处清扫	还是狭隘拐角

续表

序号	景别	角度	画面	字幕
32	全景	俯拍	在客厅中扫地机器人从椅子下方穿过	它皆打扫干净
33	近景	俯拍		
34	特写	俯拍	扫地机器人拖布旋转	而其以强大的吸力
35	全景	俯拍	扫地机器人清理毛发等污垢	将灰尘和宠物毛发等细微污垢彻底清理
36	中景	平拍	在客厅,人物坐在桌前往花瓶里插花	花草的细微之处,皆需细心呵护
37	近景	平拍		
38	特写	平拍	人手插花的特写	
39	近景	平拍	扫地机器人旋转	它配备智能感应和避障技术
40	特写	平拍		
41	全景	俯拍	客厅中,扫地机器人在工作中避开家居摆件等障碍物	使其轻松避开家具、墙壁等障碍
42	近景	平拍	人物坐在沙发上对扫地机器人发出指令	智能的语音操控
43	特写	平拍	扫地机器人接收指令开始行动	轻声一呼
44	全景	低角度仰拍	人物坐在沙发上,扫地机器人开始在地毯上清扫	家中秩序即刻恢复
45	近景	俯拍	扫地机器人在地毯上清扫	
46	远景	平拍	客厅中,扫地机器人返回基站	科沃斯扫地机器人,化身为我生活的一抹艺术

↘ 7.2.2　粗剪视频素材

下面将拍摄的视频素材导入剪映中,进行视频素材的粗剪。具体操作方法如下。

步骤 **01** 打开剪映,点击"开始创作"按钮⊕,在打开的界面中依次选中要添加的视频素材,在界面下方选中"高清"选项,点击"添加"按钮,如图7-4所示。

步骤 **02** 在主轨道最左侧点击"关闭原声"按钮◁,根据需要对各视频片段进行修剪,如图7-5所示。

步骤 **03** 将时间指针定位到要调整构图的视频片段位置,如图7-6所示。

粗剪视频素材

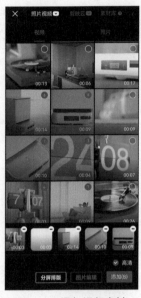
图 7-4　添加视频素材

图 7-5　修剪视频片段

图 7-6　定位时间指针

步骤 04 选中视频素材，在预览区调整画面的大小和位置，效果如图 7-7 所示。然后，根据需要调整其他视频画面的构图。

步骤 05 对人物动作分镜头视频片段进行精剪，例如人物使用压粉器按压咖啡粉的镜头，将前一个分镜头的右端修剪到压粉器刚放入咖啡粉碗的位置，如图 7-8 所示。

步骤 06 将后一个分镜头的左端同样修剪到压粉器刚放入咖啡粉碗的位置，如图 7-9 所示。按照视频脚本继续添加所需的视频素材，并对视频片段进行修剪和构图调整。

图 7-7　调整画面大小和位置

图 7-8　修剪前一个分镜头

图 7-9　修剪后一个分镜头

7.3 编辑音频

下面在"扫地机器人"短视频中添加旁白、背景音乐、音效等音频素材，丰富观众的听觉感受，增强视频的氛围感，提升视频的观看体验。

↘ 7.3.1 添加旁白

下面在"扫地机器人"短视频中添加旁白，并根据旁白剪辑视频片段，调整视频播放速度。具体操作方法如下。

添加旁白

步骤 01 将旁白、背景音乐、音效等音频素材传送到手机上，在手机上打开"文件管理"应用，在"浏览"界面中点击"音频"按钮 ●，如图 7-10 所示。

步骤 02 在打开的界面中可以看到传送到手机的音频素材，选中音频素材，在界面下方点击"移动"按钮 ，如图 7-11 所示。

步骤 03 选择"Documents"文件夹，点击界面右上方的 ✓ 按钮，将音频素材移到"Documents"文件夹中，如图 7-12 所示。

图 7-10 点击"音频"按钮

图 7-11 点击"移动"按钮

图 7-12 选择文件夹

步骤 04 在剪映中打开剪辑草稿，点击"音频"按钮 ，然后点击"音乐"按钮 ，如图 7-13 所示。

步骤 05 在弹出的界面中点击"导入音乐"按钮，然后点击"本地音乐"按钮 ，即可看到导入的音频素材，选择"旁白"音频，点击"使用"按钮，如图 7-14 所示。

步骤 06 旁白音频被添加到音频轨道中，如图 7-15 所示。

图 7–13 点击“音乐”按钮

图 7–14 点击“使用”按钮

图 7–15 添加旁白音频

步骤 07 对于需要调速的视频片段，可以点击“变速”按钮，然后点击“常规变速”按钮，在弹出的界面中拖动滑块调整速度，然后点击按钮，如图 7–16 所示。

步骤 08 根据需要对旁白音频进行剪辑，调整每句话之间停顿的时长，如图 7–17 所示。

步骤 09 根据旁白音频修剪视频片段，或者对视频片段进行变速调整，使视频画面与旁白相匹配，如图 7–18 所示。

图 7–16 常规变速调整

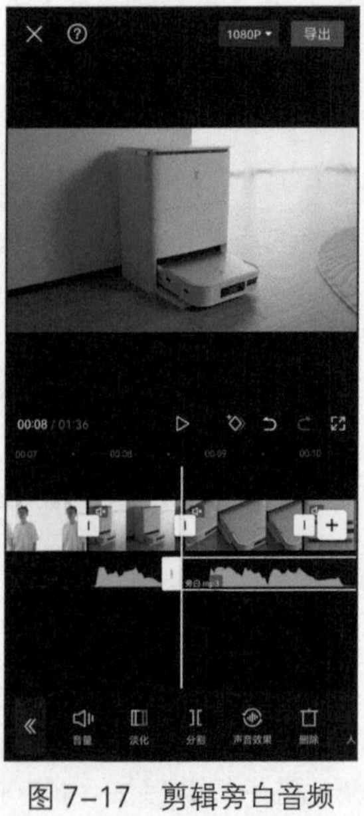

图 7–17 剪辑旁白音频

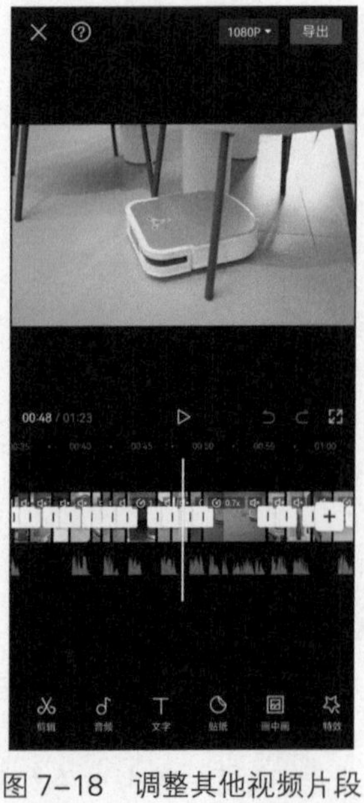

图 7–18 调整其他视频片段

⼘ 7.3.2 添加和剪辑背景音乐

下面为"扫地机器人"短视频添加背景音乐，并对背景音乐进行剪辑。具体操作方法如下。

添加和剪辑背景音乐

步骤 01 点击"音乐"按钮⌀，在弹出的界面中点击"导入音乐"按钮，点击"本地音乐"按钮▢，选择要使用的背景音乐，然后点击"使用"按钮，如图 7-19 所示。

步骤 02 将时间指针定位到唱片机唱针刚放下的位置，然后分割音乐，如图 7-20 所示。

步骤 03 将时间指针定位到第 2 段旋律刚开始的位置，即 59 秒位置，对音乐进行分割，如图 7-21 所示。

图 7-19 选择背景音乐　　图 7-20 分割音乐 1　　图 7-21 分割音乐 2

步骤 04 删除中间的音乐部分，并将后一段音乐移至前一段音乐的末尾，如图 7-22 所示。

步骤 05 采用同样的方法，在下一段更强旋律的开始位置分割音乐，然后在 2 分 30 秒较弱旋律位置分割音乐，删除中间的音乐部分，并将后一段音乐移至前一段音乐的末端位置。选中前一段音乐，点击"淡化"按钮▮▮，如图 7-23 所示。

步骤 06 在弹出的界面中调整淡出时长为 3s，然后点击✓按钮，如图 7-24 所示。

步骤 07 采用同样的方法，设置后一段音乐的淡入时长为 2s，根据需要调整后一段音乐的位置，使两段音乐平滑过渡，如图 7-25 所示。

步骤 08 在短视频结尾位置修剪音乐，并设置音乐淡出效果，如图 7-26 所示。

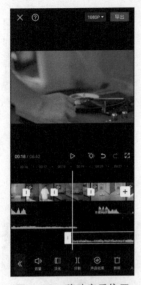

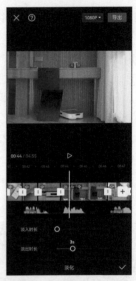

图 7-22　移动音乐位置　　　图 7-23　点击"淡化"按钮　　　图 7-24　调整淡出时长

图 7-25　设置淡入时长　　　　　图 7-26　调整结尾音乐

↘ 7.3.3　添加音效

下面为"扫地机器人"短视频添加音效，渲染场景氛围，增强短视频的沉浸感。具体操作方法如下。

步骤 01 将时间指针定位到轨道最左侧，点击"音频"按钮 🎵，点击"音乐"按钮 🎵，在弹出的界面中点击"导入音乐"按钮，然后点击"本地音乐"按钮 🖿，选择"清晨鸟叫"音效，点击"使用"按钮，如图 7-27 所示。

添加音效

步骤 02 "清晨鸟叫"音效被添加到音频轨道中，如图 7-28 所示。

步骤 03 采用同样的方法，在扫地机器人离开基站的位置添加"机器人启动"音效，然后点击"音量"按钮 ，如图 7-29 所示。

图 7-27 选择音效

图 7-28 添加音效

图 7-29 点击"音量"按钮

步骤 04 在弹出的界面中向右拖动滑块增大音量，然后点击 ✓ 按钮，如图 7-30 所示。

步骤 05 在视频的开始位置添加"秒表"音效，并修剪音效片段的时长，降低音量，如图 7-31 所示。

步骤 06 在时钟翻页位置添加"齿轮转动"和"自行车车铃"音效，如图 7-32 所示，根据需要调整音效的音量和速度。

图 7-30 调整音量

图 7-31 添加"秒表"音效

图 7-32 添加音效

步骤 07 在人物从沙发上起身的位置添加"起身"音效，如图7-33所示。

步骤 08 在人物放下唱针的位置添加"唱片"音效，如图7-34所示。采用同样的方法，根据视频画面在短视频的其他位置添加相应的音效，如"倒咖啡豆""研磨咖啡豆""拿起杯子""倒咖啡""旋钮""机器人数字"等音效。

步骤 09 对于需要视频同期声音效的片段，在选中视频片段后点击"音量"按钮 ⏴, 在弹出的界面中调整音量，然后点击 ✓ 按钮，如图7-35所示。

  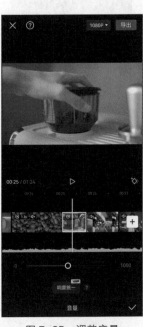

图7-33　添加"起身"音效　　图7-34　添加"唱片"音效　　图7-35　调整音量

7.4　视频调色

下面对"扫地机器人"短视频进行调色，以提升视频画面的表现力。具体操作方法如下。

视频调色

步骤 01 将时间指针定位到要调色的位置，在一级工具栏中点击"调节"按钮 ⟐, 如图7-36所示。

步骤 02 弹出"调节"界面，点击"饱和度"按钮 ⬤, 调整饱和度为15，如图7-37所示。

步骤 03 点击"曲线"按钮 ⟋, 在弹出的界面中调整曲线，降低阴影部分的亮度，然后点击 ⬤ 按钮，如图7-38所示。

步骤 04 点击"对比度"按钮 ◑, 调整对比度为8，然后点击 ✓ 按钮，如图7-39所示。调整调节片段的长度，使其覆盖整个短视频。

步骤 05 将时间指针定位到要调色的位置，新增调节片段，调整曲线，增加画面亮度，然后点击◎按钮，如图 7-40 所示。调整调节片段的长度，使其覆盖除前 5 个视频片段外的其他部分。

步骤 06 选中需要单独调色的视频片段，点击"调节"按钮，在弹出的界面中调整光感为 8、阴影为 15，然后点击✓按钮，如图 7-41 所示。采用同样的方法，根据需要对其他视频片段进行单独调色。

图 7-36　点击"调节"按钮

图 7-37　调整饱和度

图 7-38　调整曲线

图 7-39　调整对比度

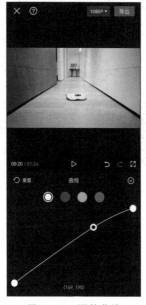

图 7-40　调整曲线

图 7-41　单独调色

7.5 制作视频效果

下面为"扫地机器人"短视频制作视频效果，使视频画面更加丰富、生动，包括制作电影胶片边框效果、制作转场效果等。

↘ 7.5.1 制作电影胶片边框效果

下面利用边框素材和混合模式功能，为特定的视频片段制作电影胶片边框效果。具体操作方法如下。

制作电影胶片
边框效果

步骤 **01** 将时间指针定位到要添加边框的位置，在一级工具栏中点击"画中画"按钮▣，然后点击"新增画中画"按钮➕，如图7-42所示。

步骤 **02** 在弹出的界面中选择"复古胶片"视频素材，在预览界面中点击"裁剪"按钮✂，如图7-43所示。

步骤 **03** 进入"裁剪"界面，拖动左右两侧的滑块选择要使用的视频片段，然后点击✓按钮，如图7-44所示。

图7-42　点击"新增画中画"　　图7-43　点击"裁剪"按钮　　图7-44　裁剪视频素材
按钮

步骤 **04** 对边框素材进行修剪和变速调整，在预览区调整其大小，点击"混合模式"按钮▣，如图7-45所示。

步骤 **05** 在弹出的界面中选择"变暗"模式，调整不透明度为80，然后点击✓按钮，如图7-46所示。

步骤 **06** 复制边框素材，并将其移至其他要添加边框的画面位置，如图7-47所示。

| 图 7-45 点击"混合模式"按钮 | 图 7-46 设置混合模式 | 图 7-47 复制边框素材 |

↘ 7.5.2 制作转场效果

下面为"扫地机器人"短视频制作转场效果，具体操作方法如下。

步骤 01 将时间指针定位到要添加转场素材的位置，在一级工具栏中点击"画中画"按钮⬚，然后点击"新增画中画"按钮⬚，如图 7-48 所示。

步骤 02 在弹出的界面中选择"转场"视频素材，在预览界面对其进行裁剪，选择要使用的片段，然后点击✓按钮，如图 7-49 所示。

制作转场效果

| 图 7-48 点击"新增画中画"按钮 | 图 7-49 裁剪转场素材 |

步骤 03 对转场素材进行修剪，点击"混合模式"按钮 ，在弹出的界面中选择"滤色"模式，点击 ✓ 按钮，如图 7-50 所示。

步骤 04 点击"音频"按钮 🎵，然后点击"音效"按钮 🎵，在弹出的界面中搜索"呼"，选择所需的转场音效，点击"使用"按钮，如图 7-51 所示。

图 7-50 选择"滤色"模式

图 7-51 添加转场音效

步骤 05 点击两个翻页时钟视频片段之间的转场按钮 ⎸，在弹出的界面中选择"叠化"类别，选择"闪白Ⅱ"转场，调整转场时长为 0.3s，然后点击 ✓ 按钮，如图 7-52 所示。

步骤 06 复制转场素材，并将其移至其他要添加转场效果的片段之间，根据需要修剪素材，如图 7-53 所示。

图 7-52 添加"闪白Ⅱ"转场

图 7-53 复制并修剪转场素材

7.6　添加字幕

下面在"扫地机器人"短视频中添加字幕，增强观众对视频内容的理解和记忆，包括添加旁白字幕、说明性字幕和对话字幕。

7.6.1　添加旁白字幕

下面使用"识别字幕"功能为短视频添加旁白字幕，具体操作方法如下。

添加旁白字幕

步骤 01 在添加字幕前为了保证剪映流畅地运行，将剪辑完成的短视频导出，然后创建新的剪辑项目并导入短视频，点击"文本"按钮 T，然后点击"识别字幕"按钮 A，如图 7-54 所示。

步骤 02 在弹出的界面中点击"开始匹配"按钮，开始自动识别视频中的人声并生成相应的字幕，如图 7-55 所示。

步骤 03 选中字幕片段，点击"批量编辑"按钮 ，如图 7-56 所示。

图 7-54　点击"识别字幕"　　图 7-55　点击"开始匹配"　　图 7-56　点击"批量编辑"
按钮　　　　　　　　　　按钮　　　　　　　　　　按钮

步骤 04 将光标定位到要换行的文字前，点击"换行"按钮，即可分割字幕片段，如图 7-57 所示。

步骤 05 修改字幕中的错误文字，采用同样的方法继续编辑其他字幕，然后点击 按钮，如图 7-58 所示。

步骤 06 点击"编辑"按钮 Aa，在弹出的界面中点击"字体"按钮，然后点击"基础"标签，选择"细体"字体，如图 7-59 所示。

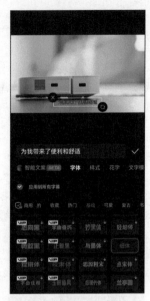

图 7-57　点击"换行"按钮　　　　图 7-58　修改字幕文字　　　　图 7-59　选择字体

步 骤 07 点击"样式"按钮，点击◎按钮取消默认样式，点击"阴影"标签，选择阴影
颜色，调整透明度、模糊度、距离等参数，如图 7-60 所示。

步 骤 08 点击"动画"按钮，然后点击"入场"标签，选择"渐显"动画，拖动滑块调
整动画时长为 0.3s，然后添加"渐隐"出场动画，如图 7-61 所示。

步 骤 09 拖动时间指针，预览其他字幕效果，如图 7-62 所示。

图 7-60　设置阴影颜色、参数　　　图 7-61　添加动画　　　　图 7-62　预览字幕效果

↘ 7.6.2 添加说明性字幕

下面在视频中添加说明性字幕,让观众更好地了解产品的特点和功能。具体操作方法如下。

添加说明性字幕

步骤 01 在要添加说明性字幕的位置新建并输入文本,设置字体格式和阴影格式,调整文本片段的长度,如图 7-63 所示。

步骤 02 复制文本片段,并将其移至要添加字幕的位置,根据需要修改文本内容,如图 7-64 所示。

图 7-63 新建并设置文本

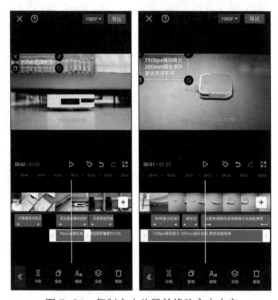

图 7-64 复制文本片段并修改文本内容

↘ 7.6.3 添加对话字幕

下面制作人物与扫地机器人之间的对话字幕并添加动画,具体操作方法如下。

添加对话字幕

步骤 01 将时间指针定位到要添加字幕的位置,新建文本并输入人物所说的话,设置文本格式,效果如图 7-65 所示。

步骤 02 点击"动画"按钮,添加"打字机Ⅰ"入场动画,调整动画时长为 2.4s,如图 7-66 所示。采用同样的方法添加"渐隐"出场动画。

步骤 03 点击"贴纸"按钮◎,在弹出的界面中搜索"对话框"贴纸,选择要添加的贴纸,在预览区调整贴纸大小,如图 7-67 所示。

步骤 04 调整贴纸片段的长度和位置,点击"层级"按钮◈,选中贴纸,然后点击"底部"按钮→,将贴纸置于底层,在预览区将贴纸移至文字的下层,如图 7-68 所示。

步骤 05 点击"动画"按钮◎,为贴纸添加"弹入"入场动画,调整动画时长为 0.5s,然后添加"渐隐"出场动画,点击✓按钮,如图 7-69 所示。

步骤 06 根据人物说话时长调整文本片段和贴纸片段的长度,如图 7-70 所示。

图 7-65　添加文本

图 7-66　添加文字动画

图 7-67　添加贴纸

图 7-68　点击"底部"按钮

图 7-69　添加贴纸动画

图 7-70　调整文本和贴纸片段
长度

步骤 07 在下一个视频片段中输入文本"收到"，点击"文本朗读"按钮，生成相应的文字音频，如图 7-71 所示。

步骤 08 点击"音频"按钮，选择"收到"文字音频，点击"声音效果"按钮，选择"女声音色"类别，选择"甜美解说"音色，然后点击按钮，如图 7-72 所示。

步骤 09 删除"收到"文本片段，调整"收到"文字音频的位置，然后在其左侧添加"科技扫频"音效，如图 7-73 所示。

图 7-71　点击"文本朗读"按钮　　图 7-72　选择音色　　图 7-73　添加音效

课后练习

　　打开"素材文件\第7章\课后练习"文件夹,使用提供的视频素材制作一条煮茶器产品推荐短视频。

　　关键操作:按照剪辑思路粗剪视频素材、对分镜头视频片段进行精确剪辑、对视频进行变速增加节奏感、视频调色、人物美颜、添加音效、添加说明性字幕、制作片尾动画。

第 **8** 章 制作创意类短视频

知识目标

- 掌握制作音乐卡点类短视频的方法。
- 掌握制作抠像拼接类短视频的方法。
- 掌握制作创意转场类短视频的方法。

能力目标

- 能够制作音乐卡点效果。
- 能够制作抠像拼接视频特效。
- 能够制作创意转场特效。

素养目标

- 在短视频创作中开拓创新思路，提升创意思维能力。
- 勤于实践，敢于实践，在不断的实践中提升自身素养。

　　创意类短视频凭借其独特的视角、新颖的内容和富有感染力的表现形式在各大短视频平台上脱颖而出，能在短暂的时间内给观众留下深刻的印象，令人耳目一新。本章将以制作音乐卡点类短视频、抠像拼接类短视频和创意转场类短视频为例，介绍制作创意类短视频的方法。

8.1 制作音乐卡点类短视频

音乐卡点类短视频是指在制作短视频时选择一段特定的音乐，并让视频画面的切换与这段音乐的节奏相匹配，以达到增强画面感染力和提升观看效果的一类短视频。这类短视频通常会在音乐中的鼓点位置切换画面，具有强烈的节奏感和炫酷的视觉效果。

效果——闪光抖动卡点

8.1.1 制作闪光抖动卡点效果

下面将介绍如何使用剪映的"关键帧""替换""画面特效"等功能制作闪光抖动卡点效果。具体操作方法如下。

步骤 01 将"视频 1"和"图片 1"素材导入视频编辑界面中，提取"背景音乐"素材中的音频并进行踩点，然后修剪"视频 1"素材的右端到第 4 个节拍点的位置，修剪"图片 1"素材的右端到第 8 个节拍点的位置，如图 8-1 所示。

制作闪光抖动卡点效果

步骤 02 将时间指针定位到"图片 1"片段的最左端，点击"添加关键帧"按钮◇，在预览区用两根手指将画面放大，如图 8-2 所示。

步骤 03 将时间指针定位到"图片 1"片段的最右端，在预览区用两根手指将画面缩小到原始尺寸，此时主轨道上会自动添加一个关键帧，如图 8-3 所示。

图 8-1 修剪素材　　　　图 8-2 添加关键帧　　　　图 8-3 缩小画面

步骤 04 采用同样的方法，在每个节拍点的位置添加关键帧，然后调整画面的位置，如图 8-4 所示。

步骤 05 在节拍点的两侧再添加两个关键帧，然后选中中间的关键帧，点击"调节"按钮，调整亮度为 50、光感为 50，然后点击✓按钮，如图 8-5 所示。

步骤 06 点击"复制"按钮▣，将"图片1"片段复制3份，点击"替换"按钮▣，替换为其他图片素材，如图8-6所示。

图8-4 添加关键帧

图8-5 调整调节参数

图8-6 替换图片素材

步骤 07 点击"特效"按钮▣，在弹出的界面中点击"画面特效"按钮▣，选择"动感"分类下的"闪动"特效，如图8-7所示。

步骤 08 调整"闪动"特效片段的长度和位置，点击"复制"按钮▣，复制多个特效片段，然后将它们分别拖至背景音乐的节拍点位置，如图8-8所示。

步骤 09 根据需要添加"星火""泡泡变焦""金粉闪闪"特效，然后点击"导出"按钮导出短视频，如图8-9所示。

图8-7 选择"闪动"特效

图8-8 复制特效片段

图8-9 添加其他特效

8.1.2 制作氛围感慢放卡点效果

氛围感慢放卡点效果是指将短视频中的一部分画面放慢，以突出特定的动作或效果。下面将介绍如何制作氛围感慢放卡点效果，具体操作方法如下。

效果——氛围感
慢放卡点

步骤 01 将"视频 1"素材导入视频编辑界面中，提取"背景音乐"素材中的音频并进行踩点，选中"视频 1"素材，点击"变速"按钮◎，如图 8-10 所示。

步骤 02 点击"曲线变速"按钮❤，在弹出的界面中选择"英雄时刻"选项，然后点击✓按钮，如图 8-11 所示。

步骤 03 修剪"视频 1"素材的右端到第 2 个节拍点的位置，如图 8-12 所示。

制作氛围感慢放
卡点效果

步骤 04 采用同样的方法添加其他视频素材，然后为它们选择合适的曲线变速选项，如"英雄时刻""蒙太奇""子弹时间"等，如图 8-13 所示。

步骤 05 将时间指针定位到短视频的开始位置，点击"滤镜"按钮❻，在弹出的界面中点击"室内"标签，选择"安愉"滤镜，拖动滑块调整滤镜强度为 50，然后点击✓按钮，如图 8-14 所示。

步骤 06 点击"新增调节"按钮❖，进入"调节"界面，根据需要调整各项调节参数，在此调整亮度为 5、饱和度为 5、高光为 5、色调为 20，然后点击✓按钮，如图 8-15 所示。

步骤 07 点击"特效"按钮❀，在弹出的界面中点击"画面特效"按钮❖，选择"光"分类下的"胶片漏光Ⅱ"特效，然后点击✓按钮，如图 8-16 所示。

步骤 08 采用同样的方法，在"视频 2"和"视频 8"片段的下方添加"心跳"和"蹦迪光"特效，如图 8-17 所示。

图 8-10 点击"变速"按钮　图 8-11 选择"英雄时刻"选项　图 8-12 修剪视频素材

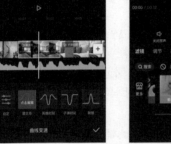

图 8-13 选择曲线变速选项	图 8-14 选择"安愉"滤镜	图 8-15 调整调节参数

步 骤 09 点击"视频 4"和"视频 5"片段之间的转场按钮 ![I]，在弹出的界面中选择"叠化"分类下的"闪黑"转场。同样，在"视频 7"和"视频 8"片段之间添加"运镜"分类下的"向左"转场，如图 8-18 所示。点击"导出"按钮，导出短视频。

图 8-16 选择"胶片漏光Ⅱ"特效	图 8-17 添加其他特效	图 8-18 添加转场效果

↘ 8.1.3 制作蒙版卡点效果

蒙版卡点效果是指在特定的节拍点上，通过切换或变化蒙版的状态来实现动态的视频画面效果。下面将介绍如何制作蒙版卡点效果，具体操作方法如下。

效果——蒙版
卡点

步骤 01 将"视频 1"素材导入视频编辑界面中，提取"背景音乐"素材中的音频，点击"节拍"按钮，在弹出的界面中打开"自动踩点"开关，如图 8-19 所示。

步骤 02 将时间指针拖至音频的重音处，点击"添加点"按钮，进行手动踩点，如图 8-20 所示。

步骤 03 修剪"视频 1"素材的右端到第 5 个节拍点的位置，然后点击"蒙版"按钮，如图 8-21 所示。

制作蒙版卡点
效果

步骤 04 在弹出的界面中点击"镜面"蒙版，点击"调整参数"按钮，在弹出的界面中点击"旋转"按钮，然后拖动标尺调整旋转参数为 95°，在预览区拖动蒙版到画面的最左侧，如图 8-22 所示。

步骤 05 点击"关闭原声"按钮，复制"视频 1"片段，点击"切画中画"按钮，将其拖至主轨道的下方。点击"蒙版"按钮，在预览区向右拖动蒙版，如图 8-23 所示。

步骤 06 修剪画中画轨道素材的左端到第 2 个节拍点的位置，采用同样的方法复制视频片段并调整蒙版的位置，如图 8-24 所示。

步骤 07 点击"动画"按钮，在弹出的界面中点击"入场动画"按钮，选择"向下甩入"动画，拖动滑块将动画时长调整为 0.5s，然后点击按钮，如图 8-25 所示。

图 8-19 打开"自动踩点"开关　　图 8-20 点击"添加点"按钮　　图 8-21 修剪视频素材

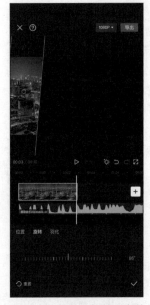
图 8-22　调整"旋转"参数

图 8-23　调整蒙版位置

图 8-24　复制视频片段

步骤 08 导入"视频 2"和"视频 3"素材，采用同样的方法，根据背景音乐中的节拍点制作蒙版卡点效果，如图 8-26 所示。

步骤 09 添加"白场"素材，然后导入"视频 4"素材，点击"变速"按钮，在弹出的界面中点击"曲线变速"按钮，选择"子弹时间"选项，如图 8-27 所示。

图 8-25　选择"向下甩入"动画

图 8-26　制作蒙版卡点效果

图 8-27　选择"子弹时间"选项

步骤 10 选中"白场"片段，点击"特效"按钮，在弹出的界面中点击"画面特效"按钮，在弹出的界面中选择"复古"分类下的"电视关机"特效，如图 8-28 所示。

步骤 11 点击"作用对象"按钮，在弹出的界面中点击"全局"按钮，然后点击 ✓ 按钮，如图 8-29 所示。

步骤 12 采用同样的方法添加其他视频素材，然后点击"导出"按钮，即可导出短视频，如图 8-30 所示。

 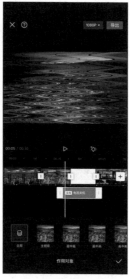 

图 8-28　选择"电视关机"特效　　图 8-29　点击"全局"按钮　　图 8-30　点击"导出"按钮

8.2　制作抠像拼接类短视频

　　抠像拼接类短视频能够打破现实与幻想的界限，创造出充满想象力与视觉冲击力的视觉效果。下面将介绍如何使用剪映制作抠像拼接类短视频，如建筑生长特效、伸手变天特效、石雕飞入水池特效等。

效果——建筑生长特效

↘ 8.2.1　制作建筑生长特效

　　下面使用抠图和关键帧动画制作建筑生长特效，具体操作方法如下。

步骤 01 导入视频素材，对素材左侧进行修剪，然后点击"定格"按钮，如图 8-31 所示。

步骤 02 将定格图片的长度修剪为 1.0s，然后复制 2 个定格图片，如图 8-32 所示。按手机的截图键，截取当前界面。

步骤 03 将截图在手机图片编辑程序中打开，对图片的上下边进行裁剪，然后使用"消除"工具涂抹鼓楼的第二层和第三层楼，将其图像去除，点击界面右上方的按钮保存图片，如图 8-33 所示。

制作建筑生长特效

153

步骤 04 返回剪映视频编辑界面，利用"替换"功能将定格图片替换为已去除第二、三层楼的鼓楼图片，如图 8-34 所示。

步骤 05 复制图片，点击"抠像"按钮，然后点击"自定义抠像"按钮，在弹出的界面中用两根手指放大画面。使用"快速画笔"工具涂抹除天空以外的其他部分，进行抠图，抠取第一层鼓楼图像，然后点击按钮，如图 8-35 所示。

步骤 06 选择第二张定格图片，采用同样的方法对第二层鼓楼进行自定义抠图，如图 8-36 所示。然后，在第三张定格图片中抠取第三层鼓楼图像。

图 8-31　点击"定格"按钮

图 8-32　修剪并复制定格图片

图 8-33　消除鼓楼图像

图 8-34　替换定格图片

图 8-35　自定义抠图

图 8-36　抠取第二层鼓楼

步骤 07 将第一层鼓楼图片和第二层鼓楼图片移到画中画轨道，点击"层级"按钮 ，如图 8-37 所示。

步骤 08 在弹出的界面中将第一层鼓楼图片置顶，然后点击 ✓ 按钮，如图 8-38 所示。

步骤 09 使用关键帧对第二层鼓楼图片制作从下向上生长的动画效果，如图 8-39 所示。采用同样的方法，制作第三层鼓楼生长动画。

图 8-37　点击"层级"按钮　　　图 8-38　调整图片层级　　　图 8-39　制作鼓楼生长动画

↘ 8.2.2　制作伸手变天特效

下面制作伸手变天特效，先让人物手中出现闪电，当人物将手伸向天空时，天空顿时变得电闪雷鸣。具体操作方法如下。

步骤 01 导入视频素材，添加背景音乐。将时间指针置于手臂甩向天空刚张开手掌的位置，分割视频素材，如图 8-40 所示。

步骤 02 将时间指针定位到前一段素材中人手张开的位置，点击"画中画"按钮 ，如图 8-41 所示。

步骤 03 添加"电闪雷鸣"画中画素材，调整音量为 0，在预览区调整画面大小，如图 8-42 所示。

步骤 04 选中画中画素材，点击"蒙版"按钮 ，选择"圆形"蒙版，调整蒙版大小和羽化，然后点击 ✓ 按钮，如图 8-43 所示。

步骤 05 点击"混合模式"按钮 ，在弹出的界面中选择"滤色"模式，然后点击 ✓ 按钮，如图 8-44 所示。

步骤 06 利用关键帧制作闪电跟随手部的动画，并在"混合模式"界面中设置第一个和最后一个关键帧的不透明度为 0，如图 8-45 所示。

效果——伸手
变天特效

制作伸手变天
特效

155

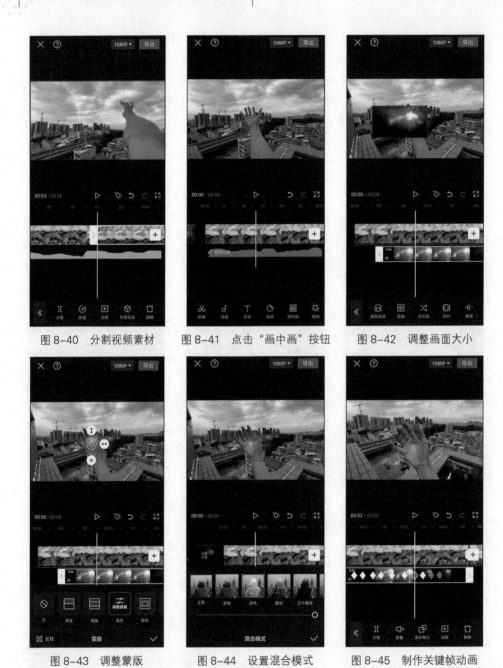

图 8-40　分割视频素材　　　图 8-41　点击"画中画"按钮　　　图 8-42　调整画面大小

图 8-43　调整蒙版　　　图 8-44　设置混合模式　　　图 8-45　制作关键帧动画

步骤 07 为后一段视频素材添加"暗夜"滤镜，如图 8-46 所示。

步骤 08 在"暗夜"滤镜片段的开始位置添加 2 个关键帧，将时间指针定位到第 1 个关键帧位置，点击"调节"按钮，拖动滑块调整滤镜强度为 0，即可制作出天空变暗的动画效果，如图 8-47 所示。

步骤 09 复制 2 个"暗夜"滤镜，如图 8-48 所示。

图 8-46 添加"暗夜"滤镜　　图 8-47 编辑滤镜动画　　图 8-48 复制"暗夜"滤镜

步骤 10 在画中画轨道中添加"电闪雷鸣"素材，并为素材添加"线性"蒙版，调整蒙版位置和羽化，然后点击✓按钮，如图 8-49 所示。

步骤 11 点击"层级"按钮⊗，在弹出的界面右上方选择"全部轨道"选项，将画中画素材移至最上层，然后点击✓按钮，如图 8-50 所示。

步骤 12 点击"混合模式"按钮⊡，在弹出的界面中选择"滤色"模式，然后点击✓按钮，如图 8-51 所示。

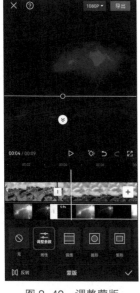
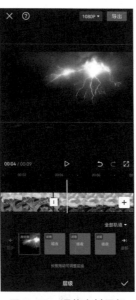

图 8-49 调整蒙版　　　　图 8-50 调整素材层级　　　图 8-51 选择"滤色"模式

步骤 13 点击"动画"按钮 ▣，选择"渐显"入场动画，调整动画时长为1.0s，如图8-52所示。

步骤 14 选中视频素材，在闪电最亮部分添加一个关键帧，然后在左右两侧各添加一个关键帧。将时间指针定位到中间关键帧的位置，点击"调节"按钮 ▣，如图8-53所示。

步骤 15 在弹出的界面中调节各项调节参数，使画面变亮，然后点击 ✓ 按钮，如图8-54所示。

图8-52　添加入场动画

图8-53　点击"调节"按钮

图8-54　调节画面亮度

8.2.3　制作石雕飞入水池特效

下面使用抠像功能制作石雕飞入水池特效，具体操作方法如下。

步骤 01 导入视频素材，对素材左端进行修剪，然后将时间指针定位到最左端，点击"定格"按钮 ▣，如图8-55所示。

步骤 02 在素材左端生成定格图片，如图8-56所示。按手机截图键，截取当前界面。

效果——石雕飞入水池特效

步骤 03 将截图在手机图片编辑程序中打开，对图片的上下边进行裁剪。使用"消除"工具 ▣ 涂抹水池中的石雕图像将其去除，然后点击界面右上方的 ▣ 按钮，保存图片，如图8-57所示。

步骤 04 返回剪映视频编辑界面，修剪定格图片长度为1.2s，利用"替换"功能将定格图片替换为去除石雕的图片，效果如图8-58所示。

步骤 05 在第2段视频素材的左端再次生成定格图片，并将定格图片移到画中画轨道，点击"抠像"按钮 ▣，然后点击"自定义抠像"按钮 ▣，如图8-59所示。

制作石雕飞入水池特效

步骤 06 进入自定义抠像界面，用两根手指放大画面。使用"快速画笔"工具 ▣ 涂抹水池中的石雕，即可抠出石雕图像，然后点击 ✓ 按钮，如图8-60所示。

图 8-55　点击"定格"按钮

图 8-56　生成定格图片

图 8-57　去除石雕图像

图 8-58　替换定格图片

图 8-59　点击"自定义抠像"
按钮

图 8-60　抠出石雕图像

步骤 07 对画中画素材的左端进行修剪，然后在素材中添加 3 个关键帧。将时间指针定位到第 2 个关键帧位置，放大石雕图像并将其向上移动，如图 8-61 所示。

步骤 08 将时间指针定位到第 1 个关键帧位置，将石雕图像缩至最小并将其向下移动，如图 8-62 所示。

步骤 09 在画中画轨道中添加"水花"素材，对素材进行变速调整。点击"混合模式"按钮🔲，在弹出的界面中选择"滤色"模式，然后点击✅按钮，如图 8-63 所示。

图 8-61　调整第 2 个关键帧
图像

图 8-62　调整第 1 个关键帧
图像

图 8-63　点击"混合模式"
按钮

步骤 ⑩ 在"水花"素材的尾端添加两个关键帧，并调整第 2 个关键帧的不透明度为 0，如图 8-64 所示。

步骤 ⑪ 在第 2 段视频素材的开始位置添加"水花"素材，并设置混合模式为"滤色"，如图 8-65 所示。

步骤 ⑫ 在主轨道中图片的左端和右端添加关键帧，将时间指针定位到左端，然后在预览区放大画面，制作画面缩小动画，使静止的图片动起来，如图 8-66 所示。

图 8-64　添加并编辑关键帧

图 8-65　添加并编辑"水花"
素材

图 8-66　制作画面缩小动画

8.3 制作创意转场类短视频

在短视频创作中，具有创意的转场效果能够提升视频的观赏性，吸引观众观看。下面将介绍如何在剪映中制作创意转场类短视频，如开门转场特效、主体飞入转场特效、屏幕穿越转场特效、画面拼贴转场特效等。

效果——开门
转场特效

↘ 8.3.1 制作开门转场特效

下面利用剪映的蒙版功能制作开门转场特效，当静止的门被推开时切换下一个画面。具体操作方法如下。

步骤 01 修剪视频素材的右端到人手敲门后离开的位置，然后点击"定格"按钮■，如图 8-67 所示。

步骤 02 选中定格图片，点击"蒙版"按钮●，在弹出的界面中选择"线性"蒙版，旋转蒙版的方向为 90°，然后将蒙版移至门缝位置，点击☑按钮，如图 8-68 所示。

制作开门转场
特效

步骤 03 复制定格图片，并将其移至画中画轨道中。点击"蒙版"按钮●，在弹出的界面中点击"反转"按钮☒，然后点击☑按钮，如图 8-69 所示。

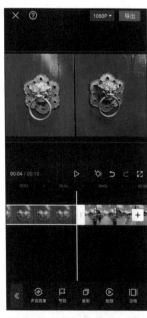

图 8-67 点击"定格"按钮

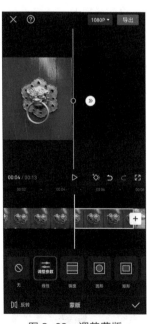

图 8-68 调整蒙版

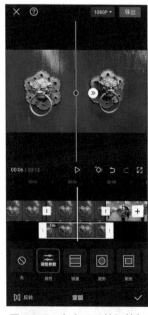

图 8-69 点击"反转"按钮

步骤 04 分别选中两张定格图片，并将左侧图片移至右侧，右侧图片移至左侧，如图 8-70 所示。使用手机进行截图，并对截取的图片进行裁剪。

步骤 05 删除两张定格图片，在画中画轨道中插入截图，将截图长度修剪为 0.8s，如

图 8-71 所示。

步骤 06 复制截图，并将其移至下层画中画轨道中，如图 8-72 所示。

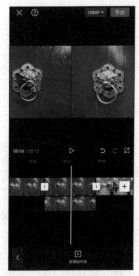 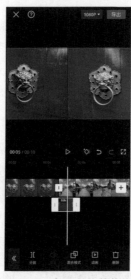 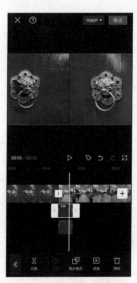

图 8-70 移动定格图片位置　　图 8-71 插入并修剪截图　　图 8-72 复制截图

步骤 07 在画中画轨道中分别选中两张图片，并将左侧图片移至右侧，右侧图片移至左侧，如图 8-73 所示。

步骤 08 点击"动画"按钮，然后点击"出场动画"按钮，选择"镜像翻转"动画，将动画时长调至最长，点击✓按钮，如图 8-74 所示。

步骤 09 采用同样的方法，为下层画中画轨道素材添加"镜像翻转"出场动画，即可制作出开门转场特效，如图 8-75 所示。

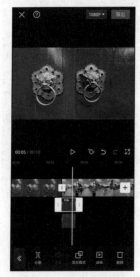  

图 8-73 移动图片位置　　图 8-74 添加出场动画 1　　图 8-75 添加出场动画 2

↘ 8.3.2　制作主体飞入转场特效

下面利用剪映的抠像功能制作画面主体飞入转场特效，使下一镜头中的主体从画布外飞入画面中。具体操作方法如下。

效果——主体飞入转场特效　　制作主体飞入转场特效

步骤 01 导入两段视频素材，对第 2 段视频素材进行 5 倍常规变速设置，并修剪素材的左端，如图 8-76 所示。

步骤 02 复制第 2 段视频素材，点击"抠像"按钮👤，然后点击"自定义抠像"按钮✎，如图 8-77 所示。

步骤 03 使用"快速画笔"工具涂抹画面中的立方体雕像，抠出该雕像图像，点击☑按钮，如图 8-78 所示。

图 8-76　修剪素材左端　　图 8-77　点击"自定义抠像"　　图 8-78　抠出雕像图像
按钮

步骤 04 查看画面抠像效果，如图 8-79 所示。

步骤 05 向右移动时间轴，然后使用"自定义抠像"功能继续进行抠像，抠出整段视频中的立方体雕像，如图 8-80 所示。

步骤 06 将视频移到画中画轨道，并移至第一段素材的结尾，如图 8-81 所示。

步骤 07 在视频的左端和右端分别添加关键帧，将时间指针定位到左端，然后调整立方体雕像的大小和位置，将其移至画面右上方并移出画面，如图 8-82 所示，即可制作出雕像从画面右上方飞入画面的效果。

步骤 08 在视频转场位置分别添加"落下"和"重物落下"音效，如图 8-83 所示。

步骤 09 在视频转场位置添加"震动"画面特效，如图 8-84 所示。

图 8-79　查看画面抠像效果

图 8-80　继续抠像

图 8-81　将视频移至画中画轨道

图 8-82　调整雕像大小和位置

图 8-83　添加音效

图 8-84　添加画面特效

↘ 8.3.3　制作屏幕穿越转场特效

下面通过绿幕抠像制作不同场景的屏幕穿越转场特效，具体操作方法如下。

步骤 **01** 导入视频素材，并在视频素材前添加黑场素材，然后在两个素材之间添加"闪白"转场效果，如图 8-85 所示。

步骤 **02** 在画中画轨道中添加手机绿幕素材，点击"抠像"按钮🗝，然后点击"色度抠图"按钮◉，如图 8-86 所示。

效果——屏幕
穿越转场

制作屏幕穿越
转场特效

步骤 03 在弹出的界面中使用取色器选取手机屏幕中的绿色背景，并调整"强度"和"阴影"参数，然后点击☑按钮，如图 8-87 所示。

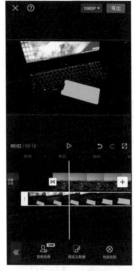

图 8-85　添加转场　　　图 8-86　点击"色度抠图"按钮　　图 8-87　设置色度抠图参数

步骤 04 对手机绿幕素材进行曲线变速处理，加快结束部分的速度，然后点击☑按钮，如图 8-88 所示。

步骤 05 选中视频素材，对视频画面的大小和方向进行相应的调整，效果如图 8-89 所示。在调整时，如果不便于手指拖动调整，可以点击"基本属性"按钮进行精细调整。

步骤 06 在视频后半段添加笔记本绿幕素材，如图 8-90 所示。

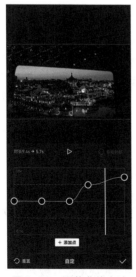

图 8-88　调整曲线变速　　图 8-89　调整视频画面的大小　图 8-90　添加笔记本绿幕素材
　　　　　　　　　　　　　　　　和方向

步骤 07 使用"色度抠图"功能对笔记本绿幕素材进行抠图处理，在笔记本绿幕素材的开始位置添加两个关键帧，然后将时间指针定位到第 1 个关键帧位置，如图 8-91 所示，调整笔记本绿幕素材的大小和位置，使视频素材完全显示。

步骤 08 在笔记本绿幕素材关键帧的同步位置为视频素材添加两个关键帧，然后将时间指针定位到第 2 个关键帧位置，调整视频画面的大小和位置，效果如图 8-92 所示。

步骤 09 在笔记本绿幕素材和视频素材的转场位置添加"心跳"画面特效，如图 8-93 所示。

图 8-91　编辑笔记本绿幕素材　图 8-92　编辑视频素材关键帧　图 8-93　添加画面特效
　　　　　关键帧

↘ 8.3.4　制作画面拼贴转场特效

下面利用剪映的抠像和关键帧功能制作画面拼贴转场特效，将转场画面分割为多个部分，在转场时将这些部分进行动画拼贴。具体操作方法如下。

效果——画面　　　制作画面拼贴
拼贴转场　　　　转场特效

步骤 01 导入两段视频素材，修剪第 2 段视频素材左端，如图 8-94 所示。

步骤 02 在第 2 段视频素材左端生成定格图片，将定格图片长度修剪为 1 秒，然后复制 4 张定格图片，如图 8-95 所示。

步骤 03 选中第 1 张定格图片，对其进行自定义抠像，抠出第 1 个立方体显示屏，如图 8-96 所示。采用同样的方法，在其他定格图片中分别抠出第 2 个立方体显示屏、第 3 个立方体显示屏、地面部分及天花板部分。

步骤 04 将 3 个立方体显示屏图像移到画中画轨道，并在各图像片段的左端、中间和右端分别添加关键帧，将时间指针定位到中间关键帧位置，点击"基础属性"按钮，如图 8-97 所示。

步骤 05 在弹出的界面中点击"缩放"按钮，调整缩放参数为 70%，如图 8-98 所示。

步骤 06 点击"位置"按钮，然后将图像拖至合适的位置，如图 8-99 所示。

图 8-94　修剪视频素材左端

图 8-95　修剪定格图片并复制

图 8-96　自定义抠像

图 8-97　点击"基础属性"按钮

图 8-98　调整缩放参数

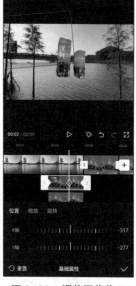

图 8-99　调整图像位置

步骤 07 点击"旋转"按钮，设置将图像顺时针旋转 1 圈，然后点击✓按钮，如图 8-100 所示。

步骤 08 将时间指针定位到第 3 个关键帧位置，点击"基础属性"按钮 ，设置将图像顺时针旋转 1 圈，然后点击✓按钮，如图 8-101 所示。

图 8-100 设置旋转参数 1

图 8-101 设置旋转参数 2

步骤 **09** 选中第 2 个显示屏所在的视频片段，在中间关键帧位置采用同样的方法设置其基本属性参数，在此将其缩放 70%，向上调整其位置，并设置顺时针旋转 1 圈，如图 8-102 所示。然后，在第 3 个关键帧位置设置顺时针旋转 1 圈。

步骤 **10** 选中第 3 个显示屏所在的视频片段，在中间关键帧位置采用同样的方法设置其基本属性参数，在此将其缩放 70%，向上调整其位置，并设置逆时针旋转 1 圈，如图 8-103 所示。然后，在第 3 个关键帧位置设置逆时针旋转 1 圈。

图 8-102 设置第 2 个显示屏属性

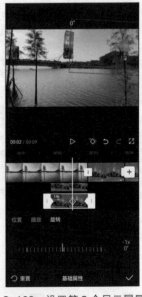

图 8-103 设置第 3 个显示屏属性

步骤 11 将地面图像和天花板图像移到画中画轨道，为两个图像片段添加"渐显"入场动画，并为天花板图像制作向下移动的关键帧动画，为地面图像制作向上移动的关键帧动画，如图 8-104 所示。

步骤 12 点击"混合模式"按钮，在弹出的界面中选择"变暗"模式，然后点击按钮，如图 8-105 所示。在显示屏起飞位置添加"水花"特效素材，在显示屏落下位置添加"灰尘"素材。

图 8-104 制作关键帧动画　　图 8-105 选择"变暗"模式

课后练习

1. 打开"素材文件\第 8 章\课后练习\卡点视频"文件夹，将视频素材导入剪映，制作抽帧卡点效果。

关键操作：音乐踩点、在第 2 个音乐节拍位置分割视频、视频向后移动一定距离分割并删除分割前的视频、每隔一个节拍删除一段视频。

2. 打开"素材文件\第 8 章\课后练习\特效"文件夹，将视频素材导入剪映，制作裸眼 3D 画面特效。

关键操作：在画中画轨道添加裸眼黑边素材、复制视频素材到画中画轨道、自定义抠像。

3. 打开"素材文件\第 8 章\课后练习\转场"文件夹，将视频素材导入剪映，制作抠像穿越转场效果。

关键操作：视频曲线变速调整、转场位置定格视频并切画中画、制作蒙版关键帧动画。

第9章 使用剪映其他特色功能

知识目标

- 掌握"创作脚本"功能的使用方法。
- 掌握使用剪映处理图片的方法。
- 掌握"一起拍"功能的使用方法。
- 掌握使用视频模板创作视频的方法。
- 掌握"创作课堂"和"剪映云"功能的使用方法。

能力目标

- 能够使用剪映创作视频脚本。
- 能够使用剪映编辑图片，使用AI功能作图、生成商品图。
- 能够使用"一起拍"功能制作多人在线观看视频的效果。
- 能够使用"剪同款"和"一键成片"功能快速创作短视频。
- 能够利用"创作课堂"学习视频剪辑课程。
- 能够使用剪映云备份或共享草稿。

素养目标

- 正确使用人工智能，树立正面的技术观与价值观。
- 强化互联网思维，不断提高对信息化发展的驾驭能力。

剪映除了是一款功能强大的视频编辑工具外，它还提供了一些特色功能，如创作脚本、图片处理、一起拍、剪同款、一键成片、创作课堂、剪映云等，使用这些功能可以帮助用户更加高效地创作短视频。

9.1　创作脚本

剪映的"创作脚本"功能可以帮助用户编写视频脚本,高效完成视频拍摄与剪辑工作,更加轻松地创作出优质的短视频作品。

9.1.1　使用脚本模板

剪映的"创作脚本"功能内置了多种类型的脚本模板,使用这些脚本模板可以快速创建视频脚本。具体操作方法如下。

使用脚本模板

步骤 01 在剪映创作辅助功能区中点击"创作脚本"按钮 📃,如图 9-1 所示。

步骤 02 进入"创作脚本"界面,可以看到剪映按类别提供了一些脚本模板,找到适合自己的脚本模板,在此选择"环保宣传 Vlog 怎么拍"脚本模板,如图 9-2 所示。

步骤 03 在打开的界面中查看脚本模板的详情信息,可以看到整个脚本由大纲(即整个视频的结构)、详细描述(即分镜画面)和台词文案三部分组成。要使用这个脚本,则点击"去使用这个脚本"按钮,如图 9-3 所示。

图 9-1　点击"创作脚本"按钮

图 9-2　选择脚本模板

图 9-3　点击"去使用这个脚本"按钮

步骤 04 进入脚本编辑界面,可以根据需要修改脚本标题和脚本大纲,也可直接使用此脚本拍摄视频。点击行左侧的 ⋮ 按钮或列顶部的 ⋯ 按钮,可以增加或删除行或列,如图 9-4 所示。

步骤 05 脚本大纲修改完成后,可以在"详细描述"中修改分镜头的拍摄方式,添加拍摄的分镜素材,点击 + 按钮,在弹出的界面中可以选择拍摄视频或从相册上传视频,如

图 9-5 所示。

步骤 **06** 在分镜画面下方点击"原视频"按钮，查看模板中的分镜画面效果，以供拍摄时参考，效果如图 9-6 所示。

图 9-4　脚本编辑界面　　　图 9-5　拍摄或上传视频　　　图 9-6　点击"原视频"按钮

↘ 9.1.2　创建新脚本

掌握了"创作脚本"功能的使用方法后，可根据创作需要自建视频脚本。具体操作方法如下。

创建新脚本

步骤 **01** 在"创作脚本"界面下方点击"新建脚本"按钮，如图 9-7 所示。

步骤 **02** 进入脚本编辑界面，输入脚本标题，在"详细描述"列中关闭"加素材"功能，在"大纲"列中输入视频的内容框架，在"详细描述"列中进一步设计具体的镜头怎样拍摄，输入画面、景别、运镜等相关描述文本，点击分镜行左侧的 ⋮ 按钮，再点击"向下增加"按钮，增加分镜画面，如图 9-8 所示。

步骤 **03** 根据需要增加大纲和分镜画面，完成视频脚本的编辑，如图 9-9 所示。

步骤 **04** 打开"加素材"功能，点击 + 按钮，在弹出的界面中选择"从相册上传"选项，如图 9-10 所示。

步骤 **05** 添加手机相册中的视频素材，如图 9-11 所示。

步骤 **06** 点击添加的视频素材，在弹出的界面中预览视频素材，如图 9-12 所示。点击界面右上方的"编辑"按钮，可以对素材进行裁剪，也可点击下方的"继续添加素材"按钮，丰富分镜画面内容。

步骤 **07** 点击脚本编辑界面右上方的 ▣ 按钮，进入"编辑"界面，对视频效果进行预览，如图 9-13 所示。

步骤 08 点击"编辑"界面右上方的"去剪辑"按钮，进入剪映视频编辑界面，如图 9-14 所示，进一步编辑短视频。

步骤 09 在剪映"剪辑"界面的"本地草稿"列表中点击"脚本"类别，查看创建的脚本项目，如图 9-15 所示。

图 9-7 点击"新建脚本"按钮

图 9-8 点击"向下增加"按钮

图 9-9 编辑视频脚本

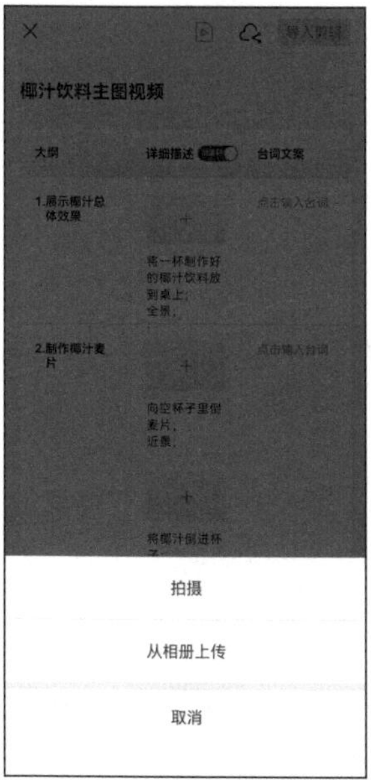

图 9-10 选择"从相册上传"
选项

图 9-11 添加视频素材

图 9-12 预览视频素材

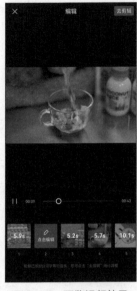
图 9-13　预览视频效果

图 9-14　进入视频编辑界面

图 9-15　查看脚本项目

9.2　图片处理

随着剪映功能的不断完善，其修图、制图的能力也在不断增强。下面将介绍剪映的图片处理功能，如图片编辑、AI 作图、AI 商品图。

↘ 9.2.1　图片编辑

剪映的"图片编辑"功能提供了一些基本的图片编辑功能，主要包括调整构图、调整尺寸、更改背景、调节颜色、应用滤镜、智能抠图、文字编辑、形状编辑、添加贴纸等。下面利用剪映的"图片编辑"功能制作一个简单的商品主图封面，具体操作方法如下。

图片编辑

步骤 **01** 在剪映创作辅助功能区中点击"图片编辑"按钮 ，在弹出的界面中添加商品图片，进入"图片编辑"界面，在下方工具栏中点击"尺寸"按钮 ，如图 9-16 所示。

步骤 **02** 在弹出的界面中选择"1∶1"比例，然后点击 按钮，如图 9-17 所示。

步骤 **03** 选中商品图片，点击"智能抠图"按钮 ，在弹出的界面中点击"智能抠图"按钮 ，然后点击 按钮，即可自动抠取画面中的主体，如图 9-18 所示。

步骤 **04** 调整图像的大小和位置，在一级工具栏中点击"背景"按钮 ，在弹出的界面中选择背景颜色，如图 9-19 所示。

步骤 **05** 点击"导入图片"按钮 ，在弹出的界面中再添加一张商品图片，并对图片进行抠图。在"智能抠图"界面中点击"画笔"按钮 ，调整画笔的硬度、透明度、大小等参数，调整图片的大小，然后使用画笔工具涂抹一个圆形区域进行抠图，点击 按钮，如图 9-20 所示。

步骤 06 在工具栏中点击"形状"按钮，在弹出的界面中选择所需的形状，并设置形状的填充和线条样式，在画布中调整形状的大小和位置，点击 √ 按钮，如图 9-21 所示。

图 9-16 点击"尺寸"按钮

图 9-17 选择比例

图 9-18 智能抠图

图 9-19 选择背景颜色

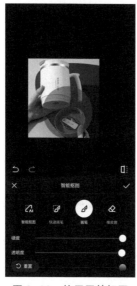

图 9-20 使用画笔抠图

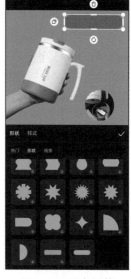

图 9-21 添加形状

步骤 07 在工具栏中点击"文本"按钮，输入文字，将文字移至形状上，使形状成为文字的背景，如图 9-22 所示。继续在画面中添加和编辑文字、形状、贴纸等元素。

步骤 08 用两根手指放大画布，更精细地调整画布中各元素的大小和位置，如图 9-23 所示。

步骤 09 图片编辑完成后，点击"导出"按钮导出图片，如图 9-24 所示。

图 9-22　添加文字　　　图 9-23　调整各元素大小和位置　　　图 9-24　导出图片

↘ 9.2.2　AI 作图

AI 作图是指利用人工智能技术进行绘画创作的过程，用户通过输入一段话、一个短语、一个词，绘图系统就能用画画的方式将作图结果反馈给用户。AI 作图的关键词逻辑是主体、形容词和风格，也就是要告诉 AI 要画什么东西，这个东西是什么样的，用什么风格的画法来绘制。

AI 作图

使用剪映的"AI 作图"功能作图的具体操作方法如下。

步骤 01　在剪映创作辅助功能区中点击"AI 作图"按钮，进入"AI 作图"界面，在界面下方文本框中输入文字描述，如图 9-25 所示。

步骤 02　点击界面左下方的"调整"按钮，在弹出的界面中选择模型、比例和精细度，然后点击✅按钮，如图 9-26 所示。

步骤 03　点击"立即生成"按钮，即可生成图片。若对生成的图片不满意，可以点击"再次生成"按钮，或者微调关键词后再次生成。选择自己满意的图片，在界面下方点击"超清图"按钮，如图 9-27 所示。

步骤 04　超清图片生成后，点击该图片，在弹出的界面中可以对图片进行局部重绘、扩图、消除局部图像、微调等。点击"导出"按钮，将图片保存到手机相册中，如图 9-28 所示。

步骤 05　在界面上方点击"灵感"按钮，进入灵感库示例作图界面，在界面上方选择分类，如"摄影"，选择一张喜欢的图片，点击"做同款"按钮，如图 9-29 所示。

步骤 06　可使用同样的关键词进行作图，也可根据需要对关键词、作图参数进行调整，效果如图 9-30 所示。

图 9-25　输入文字描述　　　图 9-26　调整参数　　　图 9-27　点击"超清图"按钮

图 9-28　点击"导出"按钮　　图 9-29　点击"做同款"按钮　　图 9-30　"做同款"效果

↘ 9.2.3　AI 商品图

利用剪映的"AI 商品图"功能，能够通过上传商品图片，使用 AI 技术一键生成不同场景的商品图片，帮助用户节省拍摄和后期处理的时间和成本。具体操作方法如下。

步骤 01 在剪映创作辅助功能区中点击"AI 商品图"按钮，在弹

AI 商品图

出的界面中添加商品图片素材，在此添加一张白底的棉服商品图片，进入"AI 商品图"编辑界面，剪映自动对商品图片进行抠图处理，消除商品背景。抠图完成后，调整图片的大小和位置，如图 9-31 所示。

步骤 02 在界面下方"AI 背景预设"分类下选择场景，在此选择"专业棚拍"类别，然后选择一个合适的棚拍场景，即可自动生成该场景的商品图，模拟棚拍布景效果，效果如图 9-32 所示。

步骤 03 选择"室外"类别，选择雪地场景，即可生成雪地场景的商品图，效果如图 9-33 所示。若对场景图片不满意，还可调整商品大小和位置后重新合成。

 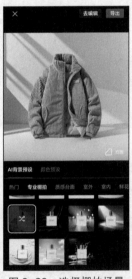 

图 9-31　调整图片大小和位置　　图 9-32　选择棚拍场景　　图 9-33　选择雪地场景

9.3　一起拍

利用剪映的"一起拍"功能可以邀请朋友一起观看视频，并将观看过程录制下来，展现观看者看视频的不同表现，或者进行多人在线观影聊天。具体操作方法如下。

一起拍

步骤 01 在剪映创作辅助功能区中点击"一起拍"按钮 ，进入"一起拍"界面。点击 按钮，在弹出的界面中选择"选择视频素材"选项，如图 9-34 所示；也可选择"识别视频链接"选项，然后粘贴并识别抖音或西瓜视频链接。

步骤 02 添加本地视频素材，点击"邀请"按钮 ，在弹出的界面中点击"复制口令"按钮 ，如图 9-35 所示。将复制的口令发送给他人，他人复制口令后，在打开剪映时会被提示加入一起拍。

步骤 03 点击"开始录制"按钮，即可开始一起拍，然后播放视频，就可以把一起拍成员的画面和声音录制下来，结束后点击"结束录制"按钮，如图 9-36 所示。

图 9-34　选择"选择视频素材"　　　图 9-35　点击"复制口令"　　　　图 9-36　开始一起拍
　　　　　　选项　　　　　　　　　　　　　　按钮

步 骤 04 在弹出的界面中显示录制的视频片段，包括添加的视频和成员的画面，被邀请的成员上传视频后，点击"导入剪辑"按钮，如图 9-37 所示。

步 骤 05 进入"视频排版"界面，在下方选择所需的比例和布局，然后点击"导入"按钮，如图 9-38 所示。

步 骤 06 进入视频编辑界面，可以对录制的一起拍视频进行编辑和调整，然后点击"导出"按钮进行导出即可，如图 9-39 所示。

图 9-37　点击"导入剪辑"按钮　　　图 9-38　选择比例和布局　　　图 9-39　编辑与调整视频

9.4 视频模板

剪映提供了卡点、舞蹈、美食、创意玩法等多种类型的视频模板，套用这些视频模板，用户能够快速创作出高质量的短视频作品。

↘ 9.4.1 剪同款

用户利用"剪同款"功能可以使用剪映提供的视频模板快速创作视频，可以将自己的素材导入模板，并生成与模板相似的视频。具体操作方法如下。

剪同款

步骤 01 在剪映工作界面下方点击"剪同款"按钮 ，进入"全部模板"界面，浏览推荐的模板，如图9-40所示。

步骤 02 在"全部模板"界面上方点击搜索框，在弹出的界面中可以查看"实时热搜""爆款热榜""创作热歌"等热搜模板、玩法或音乐，如图9-41所示。

步骤 03 根据视频素材的特点和内容搜索相关模板，比如要将一些用运动镜头拍摄的视频素材制作为曲线变速的卡点视频，在此搜索"变速"，查看搜索到的视频模板，如图9-42所示。

图9-40 "全部模板"界面

图9-41 点击搜索框

图9-42 搜索视频模板

步骤 04 点击右上方的"筛选"按钮，在弹出的界面中可以按照素材类型、片段数量、模板时长、素材比例、主题场景、风格、表现形式等条件进行筛选，在此选择片段数量为"10～20"，点击"确定"按钮，如图9-43所示。

步骤 05 筛选完成后点击视频模板，在打开的界面中预览视频模板效果。点击 按钮，将模板标记为喜欢。要使用该模板，则点击"剪同款"按钮，如图9-44所示。

步骤 06 在弹出的界面中导入视频素材，即可合成视频效果，然后进入模板编辑界面，如图9-45所示。

步骤 07 在界面下方长按视频片段，在弹出的界面中拖动视频片段调整顺序，然后点击 ✅ 按钮，如图9-46所示。

步骤 08 点击视频片段，在弹出的界面中可以替换视频、裁剪视频、调整音量等，在此点击"裁剪"按钮 ⧉，如图9-47所示。

步骤 09 在弹出的界面中拖动时间线选择视频显示区域，如图9-48所示。

图9-43 筛选模板

图9-44 点击"剪同款"按钮

图9-45 进入模板编辑界面

图9-46 调整视频片段顺序

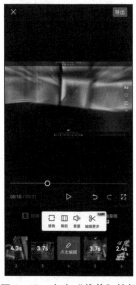
图9-47 点击"裁剪"按钮

图9-48 选择视频显示区域

步骤 ⑩ 在界面下方点击"画面调整"按钮，调整画面构图，在预览区调整画面的大小和位置，然后点击☑按钮，如图9-49所示。采用同样的方法编辑其他视频片段，若要对视频片段进行更多调整，可以解锁模板或使用剪映单独处理视频素材后导出。

步骤 ⑪ 模板编辑完成后，点击界面右上方的"导出"按钮，在弹出的界面中点击"无水印保存并分享"按钮，即可导出短视频，如图9-50所示。

步骤 ⑫ 在剪映"剪辑"界面的"本地草稿"列表中点击"模板"类别，查看创建的模板项目，如图9-51所示。

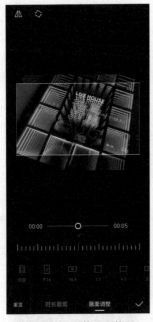

图9-49　调整画面构图

图9-50　点击"无水印保存并分享"按钮

图9-51　查看模板项目

↘ 9.4.2　一键成片

利用"一键成片"功能，只需将拍摄的视频或图片素材导入剪映中，剪映会自动识别素材内容，并智能地一键套用模板生成视频。具体操作方法如下。

一键成片

步骤 ① 在剪映创作辅助功能区中点击"一键成片"按钮▣，在弹出的界面中添加视频素材，在界面下方文本框中输入要制作的视频风格，在此输入"曲线变速"，然后点击"下一步"按钮，如图9-52所示。

步骤 ② 剪映会自动识别视频素材，并根据输入的关键词自动匹配相应的视频模板类型，根据需要选择所需的视频模板，预览视频效果。若对视频模板不满意，可以点击"换一批"按钮，系统会重新推荐视频模板，如图9-53所示。

步骤 ③ 点击视频模板，进入视频模板编辑界面，根据需要对视频片段进行编辑，然后点击"导出"按钮导出短视频，如图9-54所示。

图 9-52　输入视频风格　　　图 9-53　选择视频模板　　　图 9-54　编辑视频片段

9.5　创作课堂

　　剪映的"创作课堂"是一个非常实用的学习工具，通过观看教程、完成任务、与其他用户交流，以及跟踪自己的学习进度，用户可以更好地掌握剪映的各种功能，提升自己的视频编辑水平。

　　在剪映工作界面下方点击"创作课堂"按钮 ，进入"创作课堂"界面，浏览各种类型的视频教程，如图 9-55 所示。这些教程详细介绍了剪映各种功能的使用方法，用户可以通过观看这些教程学习如何编辑视频，从中获取灵感和知识。

　　点击要学习的视频教程，在打开的界面中查看并播放视频教程，如图 9-56 所示。在播放界面下方可以进行暂停 / 继续播放或全屏播放的操作，还可以选择倍速播放。点击界面右上方的 按钮，可以复制网页链接后在 PC 端粘贴链接并打开网页进行学习。点击 按钮，可以将该课程分享给好友。在播放界面下方可以根据需要关注该课程的创作者，或者对该课程进行点赞和收藏，还可以看到关联了此课程的模板。在评论区可以发表评论，与其他用户进行交流与互动。

　　点击播放界面中的"边看边剪"按钮，可以领取练习素材，并进入视频编辑界面，学习和练习该课程，如图 9-57 所示。"边看边剪"功能有助于用户在观看教程的同时进行剪辑操作，使剪辑过程变得更加直观、快捷。

图 9-55 "创作课堂"界面　　　图 9-56 播放视频教程　　　图 9-57 使用"边看边剪"功能

在"创作课堂"界面中点击"查看更多"按钮，在打开的界面中可以按类别浏览课程，包括"新手必看""拍摄方法""剪映功能""涨粉变现""生活记录""抖音热门""模板创作""动感卡点""创意玩法""风格大片"等类别，如图 9-58 所示；也可在界面上方筛选和搜索课程，快速找到自己想学的课程。

在"创作课堂"界面右上方点击"学习中心"按钮，进入"学习中心"界面，可以查看最近学习的课程，收藏的课程、购买的课程等，如图 9-59 所示，帮助用户有针对性地学习知识与提高能力。

图 9-58 按类别浏览课程　　　　　　　　图 9-59 进入"学习中心"界面

9.6　剪映云

剪映云是剪映的云备份功能，可以将剪辑草稿或素材上传到剪映云，然后将手机本地草稿或素材删除，以节省空间。当要使用的时候，可以随时将草稿或素材下载到手机本地。此外，剪映云还支持创建共享小组，实现多人同步协作。

9.6.1　备份草稿与素材

剪映草稿中使用的素材来自手机相册，一旦从手机相册删除这些素材，草稿中的视频也会丢失。因此，可以将草稿或素材上传到剪映云，生成云端备份，手机本地的任何操作都不会影响云端备份。具体操作方法如下。

备份草稿与素材

步骤 01 点击剪辑项目右下方的 ⋮ 按钮，在弹出的界面中选择"上传"选项，如图 9-60 所示。

步骤 02 在弹出的界面中选择要上传到的位置，在此选择"我的云空间"选项，如图 9-61 所示。

步骤 03 在弹出的界面中点击"上传到此"按钮，如图 9-62 所示。

图 9-60　选择"上传"选项

图 9-61　选择上传位置

图 9-62　点击"上传到此"按钮

步骤 04 在剪映工作界面上方点击"剪映云"按钮，进入"我的云空间"界面，可以看到上传的草稿，如图 9-63 所示。点击草稿，可以预览效果或将草稿下载到手机本地。

步骤 05 点击 ⊕ 按钮，在弹出的界面中可以上传草稿、上传素材、新建文件夹、上传字体等，还可以邀请他人上传。点击"上传素材"按钮 ⬚，如图 9-64 所示。

步骤 06 在弹出的界面中上传手机相册中的素材，上传完成后选择"素材"类别，可以查看上传的素材，如图 9-65 所示。

图 9-63　查看上传的草稿　　图 9-64　点击"上传素材"按钮　　图 9-65　查看上传的素材

↘ 9.6.2　共享草稿与素材

使用"剪映云小组"功能可以实现多人协作剪辑，"剪映云小组"具有素材共享、团队脚本、分享审阅、团队模板等功能。使用"剪映云小组"功能共享草稿与素材的具体操作方法如下。

共享草稿与素材

步骤 01 点击"我的云空间"按钮，在弹出的"切换空间"界面中点击"创建"按钮，如图 9-66 所示，即可创建小组。

步骤 02 创建小组后，将本地草稿或素材上传到小组中，也可将"我的云空间"中的草稿或素材复制到小组中。在"我的云空间"界面中点击草稿或素材右下方的▤按钮，在弹出的界面中选择"复制到小组"选项（见图 9-67），然后选择要复制到的小组。

步骤 03 切换到小组空间界面，可以看到其中上传的草稿或素材，以供小组成员下载和使用，如图 9-68 所示。

步骤 04 点击界面右上方的⚮按钮，在弹出的界面中可以邀请组员，将生成的邀请口令分享到微信、朋友圈或 QQ 好友，如图 9-69 所示。

步骤 05 点击小组成员右侧的权限选项，在弹出的界面中更改其权限，其中"组员"仅能下载文件，"协作者"可以对小组文件进行管理，"管理员"除了管理文件外还可以进行小组成员管理，如图 9-70 所示。

步骤 06 点击小组空间界面右上方的⚙按钮，进入"小组管理"界面，可以更改小组名称、复制小组 ID、更改自己的昵称，或者创建小组邀请上传链接，如图 9-71 所示。

图 9-66 　创建小组

图 9-67 　选择"复制到小组"
选项

图 9-68 　查看草稿和素材

图 9-69 　邀请组员

图 9-70 　设置组员权限

图 9-71 　进入"小组管理"界面

步骤 **07** 在小组空间界面中点击"分享审阅"按钮，在弹出的界面中上传视频，点击视频右侧的 ⋮ 按钮，在弹出的界面中选择"设置"选项，如图 9-72 所示。

步骤 **08** 在弹出的界面中设置分享名称、开启审阅权限，或者将素材分享给朋友，选择"更多设置"选项，如图 9-73 所示。

步骤 **09** 在弹出的界面中设置视频分享权限，如可下载、可批注、密码保护等，如图 9-74 所示。

图 9-72　选择"设置"选项　　图 9-73　选择"更多设置"选项　　图 9-74　设置视频分享权限

课后练习

　　1. 打开"素材文件\第9章\课后练习\视频模板"文件夹，使用"剪同款"和"一键成片"功能快速创作短视频。

　　关键操作：搜索和筛选模板、上传视频素材、调整视频顺序、裁剪视频片段。

　　2. 使用剪映云与他人分享剪辑草稿。

　　关键操作：打开剪映云空间、创建小组、邀请他人进入小组、设置组员权限、将剪辑草稿上传到小组空间。